Wissenschaftliche Taschenbücher

WTB

Mathematik · Physik

Eberhard Jäger
Rolf Perthel

# Magnetische Eigenschaften von Festkörpern

Akademie-Verlag · Berlin

*V. S. Letochow*
**Laserspektroskopie**

*Wolfgang Meiling*
**Digitalrechner in der elektronischen Meßtechnik**
Teil 1: Meßmethodik
Teil 2: Gerätetechnik und Anwendungen

*Dieter Michel*
**Grundlagen und Methoden der kernmagnetischen Resonanz**

*L. I. Miroschnitschenko*
**Kosmische Strahlung im interplanetaren Raum**

*Volker Nollau*
**Semi-Markovsche Prozesse**

*Peter Paufler / Gustav E. R. Schulze*
**Physikalische Grundlagen mechanischer Festkörpereigenschaften**
Teil I und II

*Ulrich Röseberg*
**Quantenmechanik und Philosophie**

*Albrecht Rost*
**Messung dielektrischer Stoffeigenschaften**

*J. V. Sačkov*
**Wahrscheinlichkeit und Struktur**

*E. M. Sawizki*
**Perspektiven der Metallforschung**

*Wolfgang Schäfer*
**Theoretische Grundlagen der Stabilität technischer Systeme**

*Ernst Schmutzer*
**Symmetrien und Erhaltungssätze der Physik**

*Volkmar Schuricht*
**Kernexplosionen für friedliche Zwecke**

*Hubertus Stolz*
**Supraleitung**

*Gerhard Wunsch*
**Zellulare Systeme**

**Festkörperphysik**
Entwicklungstendenzen und Anwendungsmöglichkeiten

*Hans-Georg Schöpf*
**Von Kirchhoff bis Planck**

**Die Schöpfer der physikalischen Optik**
Eine Artikelsammlung

*J. G. Collee*
**Angewandte medizinische Mikrobiologie**

*Helmut Friemel / Josef Brock*
**Grundlagen der Immunologie**

*Eberhard Hofmann*
**Funktionelle Biochemie des Menschen**
Band 1 und 2

*Lothar Jäger*
**Grundlagen der Klinischen Immunologie**

*Klaus-Dieter Jentzsch*
**Regulation des Wachstums und der Zellvermehrung**

*Karlheinz Lohs / Dieter Martinetz*
**Entgiftung — Mittel, Methoden und Probleme**

*Joachim Nitschmann*
**Entwicklung bei Mensch und Tier**

*Stephan Schnitzler*
**Pharmakologische Aspekte von Immunreaktionen**

*Dieter Spaar / Helmut Kleinhempel*
*Hans Joachim Müller*
*Klaus Naumann*
**Bakteriosen der Kulturpflanzen**

*Eberhard Teuscher*
**Pharmakognosie**
Teil I—III

*Heinrich Bremer*
*Klaus-Peter Wendlandt*
**Heterogene Katalyse**

*Peter Birner / Hans-Jörg Hofmann*
*Cornelius Weiss*
**MO-theoretische Methoden in der organischen Chemie**

*Klaus Budde / Helmut Bulle*
*Helmut Rückauf*
**Stöchiometrie chemisch-technologischer Prozesse**

*Klaus Dittrich*
**Atomabsorptionsspektrometrie**

*Werner Döpke*
**Dynamische Aspekte der Stereochemie organischer Verbindungen**

*Falko H. Herrmann*
*Martina Ch. Herrmann*
**Das Hämoglobin des Menschen**

*Helmut Hrapia*
**Einführung in die Chromatographie**

*Dieter Onken*
**Antibiotika – Chemie und Anwendung**

*Autorenkollektiv*
**Reaktive Zwischenstufen in der organischen Chemie**

*Ernst Schmitz*
**Organische Zwischenprodukte**

*Wolfgang Wagner*
**Chemische Thermodynamik**

*Vorschau auf die nächsten Bände:*

*Roland Glaser*
**Grundriß der Biomechanik**

*Peter Hellmold*
**Hochtemperaturreaktionen**

*Hans Neumann / Kurt Stecker*
**Temperaturmessung**

*Peter Nuhn / Hans-Jörg Hofmann*
**Molekulare Wirkungsmechanismen von Pharmaka**

*Robert Rompe / Hans-Jürgen Treder*
**Zur Grundlegung der theoretischen Physik**

*Werner Schoenborn / Klaus Fritzsch*
*Gerd Stanke*
**Lernverfahren für technische Systeme**

*Dietrich Stoyan / Joseph Mecke*
**Stochastische Geometrie**

*George Trigg*
**Experimenta crucis in der modernen Physik**

WTB

BAND 282

*Eberhard Jäger*
*Rolf Perthel*

# Magnetische Eigenschaften von Festkörpern

Mit 53 Abbildungen und 9 Tabellen

AKADEMIE-VERLAG · BERLIN

Reihe MATHEMATIK und PHYSIK

Herausgeber:

Prof. Dr. phil. habil. W. Holzmüller, Leipzig
Prof. Dr. phil. habil. A. Lösche, Leipzig
Prof. Dr. phil. habil. H. Reichardt, Berlin
Prof. Dr. rer. nat. habil. H.-J. Treder, Potsdam

Verfasser:

*Dozent Dr. sc. nat. Eberhard Jäger*

Sektion Physik der Friedrich-Schiller-Universität Jena

*Prof. Dr. sc. nat. Rolf Perthel*

Physikalisch-Technisches Institut
der Akademie der Wissenschaften der DDR, Jena

1983
Erschienen im Akademie-Verlag, DDR - 1086 Berlin, Leipziger Str. 3—4

Lizenznummer: 202 · 100/421/83
Printed in the German Democratic Republic
Gesamtherstellung: VEB Druckhaus „Maxim Gorki“, 7400 Altenburg
Lektor: Dipl.-Phys. Ursula Heilmann
Hersteller: Per Leonhardt
LSV 1184
Bestellnummer: 763 046 4 (7282)
DDR 12,50 M
ISSN 0084-098X

## Inhaltsverzeichnis

## Vorwort

Zu den Gebieten der Physik, die nach dem zweiten Weltkrieg die stärkste Entwicklung erlebt haben, gehört der Magnetismus. Die Grundlagen dafür schufen einmal Erkenntnisse aus Nachbargebieten der Physik, z. B. aus Quantentheorie, Tieftemperaturphysik, Neutronenstreuung, Physik des realen Kristalls, und zum anderen die wachsenden Anforderungen der Technik an Werkstoffe für die Energieerzeugung und -übertragung, die Technik der Informationsübertragung und -speicherung.

Daher wurde vom Akademie-Verlag vorgeschlagen, die Reihe der WTB-Bände über Festkörperphysik durch ein weiteres über die magnetischen Eigenschaften der Festkörper zu ergänzen. Wegen des sehr begrenzten Umfanges dieser Taschenbücher kann natürlich kein umfassendes Bild über den Magnetismus gegeben werden, es wurde lediglich eine Einführung in die wichtigsten Gebiete angestrebt. In jedem Teilgebiet werden die Grundlagen anhand einfacher theoretischer Modelle erläutert, die Verbindung mit experimentellen Daten gesucht und wesentliche Anwendungen skizziert. Auf eine Darstellung interessanter Teilgebiete wie Magnetooptik, amorphe Magnetika, magnetische Strukturen u. ä. mußte verzichtet werden. Der interessierte Leser findet diese Gebiete wie auch weitergehende Darstellungen der behandelten Gebiete in den am Schluß zitierten Werken.

Für die kritische Durchsicht des Manuskriptes und für wertvolle Hinweise danken wir den Herren Prof. Dr. W. Holzmüller und Prof. Dr. G. Rassmann recht herzlich. Zu Dank verpflichtet sind wir auch den Mitarbeitern des ZFW/Institutsteil für magnetische Werkstoffe, Jena, insbesondere Herrn Prof. W. Andrä und Dr. D. Linzen für wertvolle Diskussionen und Überlassung der Abbildungen, Frau Ch. Siegfried von der Sektion Physik der Friedrich Schiller-Universität Jena für das sorgfältige Schreiben des Manuskriptes und Frau U. Heilamnn vom Akademie-Verlag für die gute Zusammenarbeit.

Jena, im März 1981 E. Jäger R. Perthel

## 1. Magnetische Grundbegriffe

Obwohl das *SI*-System für physikalische Maßeinheiten seit mehreren Jahren verbindlich vorgeschrieben ist, findet man auch in neueren Originalarbeiten und Büchern noch andere Einheiten, etwa aus dem GAUSSschen System. Es ist deshalb nützlich, zu Beginn alle benötigten magnetischen Größen und deren Einheiten im *SI*-System zusammenzustellen.

Ausgangspunkt für die makroskopische Beschreibung der magnetischen Phänomene sind die MAXWELLschen Gleichungen

$$\operatorname{rot} \boldsymbol{E} = -\boldsymbol{B}, \qquad \operatorname{rot} \boldsymbol{H} = \boldsymbol{j} + \dot{\boldsymbol{D}}, \qquad \operatorname{div} \boldsymbol{D} = \rho, \qquad \operatorname{div} \boldsymbol{B} = 0. \tag{1.1}$$

Dabei bedeuten $\boldsymbol{E}$ die elektrische Feldstärke, $\boldsymbol{D}$ die dielektrische Polarisation, $\boldsymbol{H}$ die magnetische Feldstärke, $\boldsymbol{B}$ die magnetische Induktion oder magnetische Flußdichte, $\boldsymbol{j}$ die Dichte des elektrischen Stromes, $\rho$ die elektrische Ladungsdichte. Im Vakuum gelten die Gleichungen

$$\boldsymbol{D} = \varepsilon_0 \dot{\boldsymbol{E}}, \qquad \boldsymbol{H} = (1/\mu_0)\,\boldsymbol{B}. \tag{1.2}$$

Dabei sind $\varepsilon_0$ die Dielektrizitätskonstante des Vakuums, auch elektrische Konstante genannt, $\mu_0$ die Permeabilitätskonstante des Vakuums (magnetische Konstante). In der Materie hat man die neuen Größen $\boldsymbol{P}$ (dielektrische Polarisation) und $\boldsymbol{M}$ (Magnetisierung, d. h. die Summe der Dipolmomente pro Volumeneinheit) gemäß den Gleichungen

$$\boldsymbol{D} = \varepsilon_0 \boldsymbol{E} + \boldsymbol{P}, \qquad \boldsymbol{B} = \mu_0 \boldsymbol{H} + \boldsymbol{M} \tag{1.3}$$

einzuführen (manchmal wird auch die Relation $\boldsymbol{B} = \mu_0(\boldsymbol{H} + \boldsymbol{M})$ gebraucht). Sie entsprechen den MAXWELLschen Materialgleichungen

$$\boldsymbol{D} = \varepsilon_0 \varepsilon_r \boldsymbol{E}, \qquad \boldsymbol{B} = \mu_0 \mu_r \boldsymbol{H} \tag{1.4}$$

mit den Größen $\varepsilon_r$ als relative Dielektrizitätskonstante und $\mu_r$ als relative magnetische Permeabilität der entsprechenden Stoffe. Schließlich kann man noch die magnetische Suszeptibilität gemäß

$$\chi = \boldsymbol{M}/\mu_0 \boldsymbol{H} \tag{1.5}$$

einführen.

Die Kraft auf ein sich in elektrischen und magnetischen Feldern bewegendes Teilchen mit der elektrischen Ladung $q$ und der Geschwindigkeit $\boldsymbol{v}$ ist gegeben durch

$$\boldsymbol{K} = q\boldsymbol{E} + q[\boldsymbol{v} \times \boldsymbol{B}]. \tag{1.6}$$

Im Gegensatz zu den elektrischen Ladungen gibt es in der Natur (höchstwahrscheinlich) keine echten magnetischen Ladungen, sondern die magnetischen Erscheinungen werden von elementaren magnetischen Dipolen verursacht. Die Feldstärke $\boldsymbol{H}$, die ein magnetischer Dipol mit dem Dipolmoment $\boldsymbol{m}$ im Abstand $r$ von ihm hervorruft, ist gegeben durch

$$\boldsymbol{H} = \frac{1}{4\pi\mu_0}\left(\frac{3(\boldsymbol{m}\boldsymbol{r})\,\boldsymbol{r}}{r^5} - \frac{\boldsymbol{m}}{r^3}\right). \tag{1.7}$$

In einem äußeren homogenen Magnetfeld wirkt auf einen Dipol das Drehmoment

$$\boldsymbol{T} = \boldsymbol{m} \times \boldsymbol{H}, \tag{1.8}$$

in einem inhomogenen Feld außerdem noch die Kraft

$$\boldsymbol{K} = \operatorname{grad}(\boldsymbol{m}\boldsymbol{H}). \tag{1.9}$$

Ein Dipol hat in einem äußeren Feld $\boldsymbol{H}$ die potentielle Energie

$$E = -\boldsymbol{m}\boldsymbol{H}. \tag{1.10}$$

Für manche Zwecke ist es nützlich, die Wechselwirkung zweier Dipole $\boldsymbol{m}_1$ und $\boldsymbol{m}_2$ zu betrachten. Die potentielle Energie ihrer Wechselwirkung im Abstand $r$ voneinander ist gegeben durch

$$\begin{aligned} E &= -\frac{1}{2}(\boldsymbol{m}_1\boldsymbol{H}_1 + \boldsymbol{m}_2\boldsymbol{H}_2) \\ &= \frac{1}{4\pi\mu_0 r^3}\left[\boldsymbol{m}_1\boldsymbol{m}_2 - \frac{3}{r^2}(\boldsymbol{m}_1\boldsymbol{r})(\boldsymbol{m}_2\boldsymbol{r})\right]. \end{aligned} \tag{1.11}$$

Dabei ist $\boldsymbol{H}_1$ das Feld des Dipols $\boldsymbol{m}_2$, welches am Ort des Dipols $\boldsymbol{m}_1$ wirkt.

Die Dimensionen der magnetischen Größen sind A/m für die Feldstärke $\boldsymbol{H}$, $\mathrm{T} = \mathrm{kg/A\,s^2} = \mathrm{V\,s/m^2}$ für die Induktion $\boldsymbol{B}$. Die magnetische Konstante ist gegeben durch $\mu_0 = 12{,}566 \cdot 10^{-7}$ Vs/Am. Gemäß (1.3) haben $\boldsymbol{B}$ und $\boldsymbol{M}$ dieselbe Dimension. (Bei der oben erwähnten anderen Gleichung für $\boldsymbol{B}$ haben $\boldsymbol{H}$ und $\boldsymbol{M}$ dieselben Einheiten. Das bedingt, daß der Faktor $\mu_0$ in vielen Formeln an anderen Stellen auftritt und gelegentlich $\boldsymbol{H}$ durch $\boldsymbol{B}$ ersetzt werden muß.) $\mu_r$ und $\chi$ sind dimensionslos. Sie sind nach (1.3)—(1.5) verknüpft durch

$$\mu_r = 1 + \chi. \tag{1.12}$$

Gelegentlich bezieht man die Suszeptibilität auch auf die Masseneinheit der entsprechenden Substanz oder auf ein Mol und bezeichnet sie dann als spezifische bzw. Molsuszeptibilität.

Zum Schluß sei noch angegeben, daß man, falls man in vielen Arbeiten noch die Dimensionen Oe für $\boldsymbol{H}$ und G für $\boldsymbol{B}$ oder $\boldsymbol{M}$ findet, folgende Umrechnungsfaktoren anwenden muß:

$$1\,\mathrm{Oe} \triangleq \frac{10^3}{4\pi}\,\mathrm{A\,m^{-1}}, \qquad 1\,\mathrm{G} \triangleq 10^{-4}\,\mathrm{T}.$$

## 2. Diamagnetismus

Zahlreiche Messungen an vielen Stoffen haben ergeben, daß man die Stoffe bezüglich ihrer magnetischen Eigenschaften einteilen kann in solche, bei denen die magnetische Suszeptibilität $\chi$ negativ, und solche, bei denen sie positiv ist. Die Stoffe der ersten Gruppe nennt man diamagnetisch. Zu ihnen gehören die Edelgase, Metalle wie Zink, Gold, Quecksilber und andere, Nichtmetalle wie Silizium und Phosphor, viele organische Verbindungen.

Bei den diamagnetischen Stoffen sind also das Magnetfeld $\boldsymbol{H}$ und die dadurch hervorgerufene induzierte Magnetisierung $\boldsymbol{M}$ antiparallel gerichtet (s. (1.5)). Dieses Verhalten entspricht der LENZschen Regel, wonach die Wirkung so gerichtet ist, daß sie der Ursache entgegen wirkt. Offenbar werden in den diamagnetischen Stoffen durch das angelegte Magnetfeld Ströme induziert, die ihrerseits ein Magnetfeld verursachen, welches dem angelegten entgegenwirkt. Es soll nun versucht werden, aufbauend auf atomaren Vorstellungen, die eben angedeutete Erklärung theoretisch zu fundieren.

Dazu stellt man sich zunächst ein einzelnes freies Atom vor, in dem sich ein Elektron mit der Masse $m$ auf einer festen Kreisbahn mit dem Radius $r$ bewegt. Dabei müssen Zentrifugal- und COULOMB-Kraft im Gleichgewicht miteinander sein, d. h., es muß gelten

$$m\omega_0^2 r = Ze^2/4\pi\varepsilon_0 r^2 \tag{2.1}$$

($Ze$ Kernladung, $\omega_0$ Umlaufkreisfrequenz). Dann folgt sofort

$$\omega_0 = \left(\frac{Ze^2}{4\pi\varepsilon_0 r^3 m}\right)^{1/2}. \tag{2.2}$$

Setzt man dieses Atom in ein zur $z$-Achse paralleles Magnetfeld mit der Induktion $\boldsymbol{B}$, so muß man in (2.1) die LORENTZ-Kraft hinzufügen (s. (1.6)). Dann gilt in der zu $\boldsymbol{B}$ senkrechten $x$-$y$-Ebene

$$m\omega^2 r = \frac{Ze^2}{4\pi\varepsilon_0 r^2} + e\,|[\boldsymbol{v}\times\boldsymbol{B}]| = \frac{Ze^2}{4\pi_e\varepsilon_0 r^2} + e\omega r B. \tag{2.3}$$

Für die neue Frequenz ergibt sich

$$\omega = \frac{eB}{2m} + \omega_0\sqrt{1 + \left(\frac{eB}{2m\omega_0}\right)^2} = \omega_L + \omega_0\sqrt{1 + \frac{\omega_L^2}{\omega_0^2}}. \tag{2.4}$$

Dabei tritt die LARMOR-Frequenz

$$\omega_L = \frac{eB}{2m} \tag{2.5}$$

auf. Bei den üblichen magnetischen Induktionen $B$ ist $\omega_L/\omega_0$ viel kleiner als 1, so daß gilt

$$\omega = \omega_0 + \omega_L. \tag{2.6}$$

Aus der Elektrodynamik ist bekannt, daß mit jedem Kreisstrom $j$ um eine Fläche $F$ ein magnetisches Moment $\boldsymbol{m}$ verbunden ist. Nun soll der durch das Magnetfeld zusätzlich induzierte Strom ausgerechnet werden, er beträgt $j = -e\omega_L/2\pi$, da $\omega_L/2\pi$ die Zahl der Umläufe des Elektrons angibt. Für das induzierte magnetische

Moment folgt

$$|\boldsymbol{m}| = \mu_0 F j = -\mu_0 \pi (x^2 + y^2) \frac{e\omega_L}{2\pi}$$

$$= -\frac{e^2 B}{4m} (x^2 + y^2) \mu_0 . \tag{2.7}$$

Man geht nun vom einzelnen Atom zum Festkörper über und mittelt über viele gleichartige Elektronenbahnen, die Mittelung wird durch einen Querstrich gekennzeichnet. Unter der vereinfachenden Annahme kugelförmiger Atome ist

$$\overline{x^2} = \overline{y^2} = \overline{z^2} = \overline{r^2}/3 , \tag{2.8}$$

so daß man schließlich für einen Stoff aus $N$ Atomen pro Volumeneinheit die Magnetisierung

$$M = -\mu_0 N \frac{e^2 B}{6m} \overline{r^2} \tag{2.9}$$

bzw. die diamagnetische Suszeptibilität

$$\chi_{\text{dia}} = \frac{M}{\mu_0 H} = -\frac{\mu_0 e^2}{6m} N \overline{r^2} \tag{2.10}$$

erhält.

Diese Betrachtung erweckt den Anschein, als könne man sie auf klassischem Wege ableiten. Die Quantentheorie ist aber implizit enthalten; sie kommt dadurch ins Spiel, daß man stabile Kreisbahnen vorausgesetzt hat. Im Prinzip müßte man die obigen Betrachtungen streng innerhalb der Quantenmechanik durchführen, also durch Lösung der Schrödinger-Gleichung unter Einbeziehung eines äußeren Magnetfeldes. Das ist auch getan worden, es führt auf dieselben Resultate, wobei unter $\overline{r^2}$ die Summe der Erwartungswerte von $r^2$ über alle besetzten Elektronenzustände zu verstehen ist. Schwierigkeiten gibt es bei der praktischen Berechnung der Erwartungswerte $\langle r^2 \rangle$, aber das ist ein quantenmechanisches Problem und kein festkörperphysikalisches.

Es sei hier eingefügt, daß man den Diamagnetismus und auch die anderen magnetischen Phänomene nur mit Hilfe der Quantentheorie verstehen kann. Das wird durch das Bohr-van-Leeuwen-Theorem gezeigt, nach dem die Magnetisierung eines klassischen Systems im thermodynamischen Gleichgewicht verschwindet.

Zum Beweis betrachtet man ein Atom mit $n$ Elektronen. In der klassischen Physik werden die Elektronen durch $6n$ Koordinaten und Impulse $(q_1, q_2, \ldots, q_{3n}, p_1, \ldots p_{3n})$ beschrieben. Die Magnetisierung erhält man nun durch Multiplikation des magnetischen Momentes mit der Wahrscheinlichkeit, das System im Zustand $(q_1, \ldots, p_1, \ldots)$ zu finden. Anschließend wird über alle Koordinaten und Impulse integriert. Die Magnetisierung ist also gegeben durch

$$M = N\langle m\rangle = \frac{N}{Z}\int\ldots\int m\exp\left(-\frac{H}{kT}\right)\mathrm{d}q_1\ldots\mathrm{d}p_1\ldots \quad (2.11)$$

mit dem Zustandsintegral

$$Z = \int\ldots\int \exp\left(-H/kT\right)\mathrm{d}q_1\ldots\mathrm{d}p_1\ldots \quad (2.12)$$

Integriert wird in den Grenzen von $-\infty$ bis $+\infty$ über den ganzen Phasenraum. $H$ ist die HAMILTON-Funktion des betrachteten Atoms unter Einbeziehung des Vektorpotentials $\boldsymbol{A}$ in der Form $(\boldsymbol{p} - e\boldsymbol{A})^2$. Greift man sich ein Elektron heraus, so gilt

$$Z = \iiint_{-\infty}^{+\infty} \mathrm{d}x\,\mathrm{d}y\,\mathrm{d}z \iiint_{-\infty}^{+\infty} \mathrm{d}p_x\,\mathrm{d}p_y\,\mathrm{d}p_z \exp\left(-(\boldsymbol{p} - e\boldsymbol{A})^2/2mkT\right). \quad (2.13)$$

Man substituiert $u = p_x - eA_x$ und entsprechend $v$ und $w$ für $p_y$ bzw. $p_z$. Da über den ganzen $p$-Raum integriert wird, ändert sich durch die Substitution an den Grenzen $\pm\infty$ nichts. Damit erhält man

$$Z = V\iiint_{-\infty}^{+\infty} \mathrm{d}u\,\mathrm{d}v\,\mathrm{d}w \exp\left[-(u^2 + v^2 + w^2)/2mkT\right]. \quad (2.14)$$

Dieses Integral hängt nicht von $\boldsymbol{A}$ ab, deshalb verschwinden seine Ableitungen nach $\boldsymbol{H}$, d. h. die Magnetisierung. Man muß also die durch die Quantentheorie bedingte diskrete Natur der Eigenwerte beachten. Das ist ein deutlicher Hinweis darauf, daß die magnetischen Effekte quantentheoretische Effekte sind, die man klassisch nicht verstehen kann.

Wenn man einen Festkörper als Gesamtheit von Atomen oder Ionen auffaßt und annimmt, daß sich die Atome oder Ionen gegenseitig nicht oder nur wenig stören, so kann man die Suszeptibilität des Festkörpers als Summe der Suszeptibilitäten der einzelnen

Bausteine berechnen und erhält von der Bahnbewegung der Elektronen einen negativen Beitrag. Das negative Vorzeichen bedeutet, daß die durch das Magnetfeld induzierten magnetischen Momente dem induzierenden Feld entgegensetzt gerichtet sind, wie es oben angenommen wurde.

Führt man die Berechnungen streng quantenmechanisch durch, so sieht man, daß man nur dann eine negative Suszeptibilität erhält, wenn man Atome oder Ionen mit vollständig besetzten Elektronenschalen betrachtet, wenn also Gesamtbahndrehimpuls und -spin verschwinden. Ist das nicht der Fall, so ergeben sich auch positive Beiträge zur Suszeptibilität, die die negativen mehr als kompensieren, das wird im nächsten Kapitel betrachtet.

Mit Hilfe der Formel (2.10) kann man also recht gut den Diamagnetismus solcher Festkörper wie der festen Edelgase, der Alkalihalogenide beschreiben, weil diese aus Atomen bzw. Ionen mit vollen Elektronenschalen bestehen und weil sich diese Bausteine gegenseitig nur wenig beeinflussen. Mit einer Genauigkeit von einigen Prozent kann man das $\chi$ der Alkalihalogenide als Summe der Beiträge der einzelnen Ionensorten darstellen.

Zur Illustration sollen einige experimentelle Werte angegeben werden:

Für He erhielt man die Molsuszeptibilität $\chi_M = -1{,}9 \cdot 10^{-12}$ $m^3/mol$, für Xe $\chi_M = -43 \cdot 10^{-12}\, m^3/mol$, für NaCl $\chi_M = -30{,}2 \cdot 10^{-12}$ $m^3/mol$. Ausführliche Tabellen findet man in dem in der WTB-Reihe erschienenen Buch von HABERDITZL (s. Literaturverzeichnis).

Bei Metallen und Halbleitern findet man neben dem Beitrag der Ionen, also dem Beitrag des Kristallgitters, auch noch einen, der von den Leitungselektronen herrührt. Er wurde zuerst von LANDAU (1930) auf der Basis eines Modells freier Elektronen berechnet und beträgt

$$\chi = -\frac{4m\mu_B^2}{h^2\mu_0}\left(\frac{\pi}{3}\right)^{2/3} n^{1/3} \tag{2.15}$$

($m$ Elektronenmasse, $\mu_B = \frac{e\hbar}{2m}\mu_0$ BOHRsches Magneton, $h$ PLANCKsche Konstante, $n$ Dichte der Elektronen). Dieser Beitrag wird meist durch positive Beiträge zu $\chi$ überdeckt, abgesehen von einigen dotierten Halbleitern.

## 3. Paramagnetismus

Bisher ist außer acht gelassen worden, daß der Elektronenspin eine Rolle spielen kann, daß also auch ohne äußeres Feld schon magnetische Momente vorhanden sein können. Genauso, wie oben beim Diamagnetismus vorgegangen wurde, soll auch der Paramagnetismus diskutiert werden. Man stellt sich also wieder vor, daß ein Festkörper durch eine Gesamtheit von Atomen oder Ionen repräsentiert wird, wobei der Einfachheit halber zunächst die Wechselwirkung der Atome untereinander vernachlässigt ist.

Ein einzelnes freies Atom möge den Gesamtdrehimpuls $\hbar J$ haben, der in den Bahndrehimpuls $\hbar L$ und den Spin $\hbar S$ aufgeteilt werden kann. Man hat also angenommen, daß die RUSSELL-SAUNDERS-Kopplung in dem Atom wirkt. Mit dem Drehimpuls ist ein permanentes magnetisches Moment der Größe

$$m_J = -g\mu_B J \tag{3.1}$$

verknüpft, dabei ist $g$ der Landé-Faktor

$$g = 1 + \frac{J(J+1) + S(S+1) - L(L+1)}{2J(J+1)}. \tag{3.2}$$

Legt man an den Festkörper ein Magnetfeld $\boldsymbol{H}$ in $z$-Richtung an, so werden die einzelnen Momente ausgerichtet, wobei jedes Moment nach den Gesetzen der Quantenmechanik $2J + 1$ verschiedene Einstellmöglichkeiten hat ($2J + 1$ mögliche $J_z$-Komponenten).

Man betrachtet den Festkörper bei der Temperatur $T$ und will die Magnetisierung ausrechnen. Dazu braucht man die statistische Mechanik, nach deren Gesetzen die Wahrscheinlichkeit auszurechnen ist, mit der die $z$-Komponente $M_z$ auftritt. Die Gesamtmagnetisierung $M$ ergibt sich durch Multiplikation der Komponente $m_z$ des einzelnen magnetischen Momentes mit der BOLTZMANNschen Wahrscheinlichkeit $\exp(-E/kT)/Z$ ($Z$ — Zustandssumme), Summation über alle $2J + 1$ möglichen $m_z$-Werte und Multiplikation mit der Anzahl $N$ der Atome. Die hier eingehende Energie $E$ ist die potentielle Energie des magnetischen Momentes im Magnetfeld $\boldsymbol{H}$, also

$$E = -\boldsymbol{mH} = -m_z H_z = g\mu_B J_z H_z. \tag{3.3}$$

Dann folgt

$$M = N \frac{\sum\limits_{J_z=-J}^{+J} m_z \exp(-E/kT)}{\sum \exp(-E/kT)} = N \frac{\sum (J_z/J) \exp\left(a \frac{J_z}{J}\right)}{\sum \exp(aJ_z/J)} g\mu_B J \quad (3.4)$$

mit der Abkürzung

$$a = \frac{gJ\mu_B H}{kT}. \quad (3.5)$$

$M$ ist mit elementaren Mitteln zu berechnen, denn der Zähler ist die Ableitung des Nenners nach $a$:

$$M = Ng\mu_B \frac{\mathrm{d}}{\mathrm{d}a} \left\{\ln \left[\sum \exp\left(a \frac{J_z}{J}\right)\right]\right\}. \quad (3.6)$$

Die in den eckigen Klammern stehende Summe ist eine geometrische Reihe mit dem Quotienten $\exp(-a/J)$. Wenn man aufsummiert, folgt

$$M = NgJ\mu_B \frac{\mathrm{d}}{\mathrm{d}a} \left\{\ln \left[\frac{\sinh\left(\frac{a}{2J}(2J+1)\right)}{\sinh\left(\frac{a}{2J}\right)}\right]\right\} \quad (3.7)$$

und daraus nach Differentiation

$$M = Ng\mu_B J \left[\frac{2J+1}{2J} \coth\left(\frac{2J+1}{2J} a\right) - \frac{1}{2J} \coth\left(\frac{a}{2J}\right)\right]$$
$$= NgJ\mu_B \mathrm{B}_J(a). \quad (3.8)$$

Dabei wurde die BRILLOUIN-Funktion $\mathrm{B}_J$ als die in den eckigen Klammern stehende Funktion eingeführt.

Man betrachtet zunächst den Grenzfall kleiner Magnetfelder und hoher Temperaturen, also $a \ll 1$. Dann kann man die Funktion coth entwickeln und erhält

$$\mathrm{B}_J(a) = \frac{J+1}{3J} a \quad (3.9)$$

und daraus für die paramagnetische Suszeptibilität

$$\chi_{\text{para}} = Ng^2 J(J+1) \frac{\mu_B{}^2}{3kT\mu_0} = \frac{N}{\mu_0} \frac{\mu_{\text{eff}}^2}{3kT} = \frac{C}{T} \tag{3.10}$$

mit dem effektiven magnetischen Moment

$$\mu_{\text{eff}} = n_B \mu_B = g[J(J+1)]^{1/2} \mu_B . \tag{3.11}$$

Man erhält also das bekannte CURIEsche Gesetz mit der CURIE-Konstanten $C$.

Im anderen Grenzfall tiefer Temperaturen $T$ und hoher Feldstärken $H (a \gg 1)$ geht die BRILLOUIN-Funktion gegen den Grenzwert 1. Man ist dann im Bereich der paramagnetischen Sättigung, alle Momente sind ausgerichtet, man erhält die maximale Magnetisierung

$$M_z = M_0 = Ng\mu_B J . \tag{3.12}$$

Im allgemeinen Fall beliebiger $T$ und $H$ folgt für die Abhängigkeit der Magnetisierung von $H/T$ die Kurvenschar in Abb. 3.1.

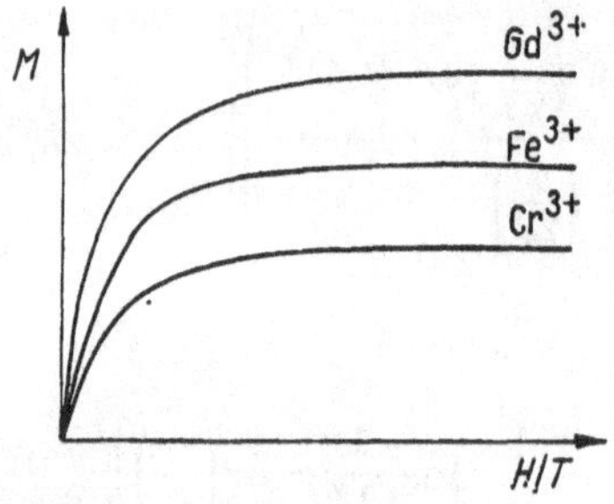


Abb. 3.1. Abhängigkeit der Magnetisierung $M$ von der Größe $H/T$ für Stoffe mit den Ionen $Gd^{3+}$, $Fe^{3+}$ und $Cr^{3+}$ (nach W. E. HENRY)

Wenn man dieses einfache Modell (keine Wechselwirkung zwischen benachbarten Atomen) auf Festkörper anwenden will, muß man recht vorsichtig sein. Man hat gefunden, daß das CURIE-Gesetz recht gut für Salze mit einem großen Gehalt an Kristallwasser gilt, etwa für $CuSO_4 \cdot K_2SO_4 \cdot 6\,H_2O$ (s. Abb. 3.2). Der Paramagnetismus kommt von den magnetischen Momenten der $Cu^{2+}$-Ionen mit unabgeschlossenen $3d$-Schalen. Durch das Kristallwasser sind diese Ionen so weit voneinander entfernt, daß sie sich gegenseitig nicht beeinflussen können. Weiterhin gilt das CURIE-Gesetz für manche paramagnetischen Salze der seltenen Erden. Bei diesen Stoffen haben die Atome der seltenen Erden unabgeschlossene $4f$-Schalen, die durch äußere $5s$- und $5p$-Schalen so abgeschirmt sind, daß sich die magnetischen Momente benachbarter Atome nicht gegenseitig stören. Auch hier kann man also mit dem Modell freier Atome arbeiten.

Implizit steckt in den obigen Rechnungen die Annahme, daß die betrachteten Atome einen $(2J + 1)$-fach entarteten Grundzu-

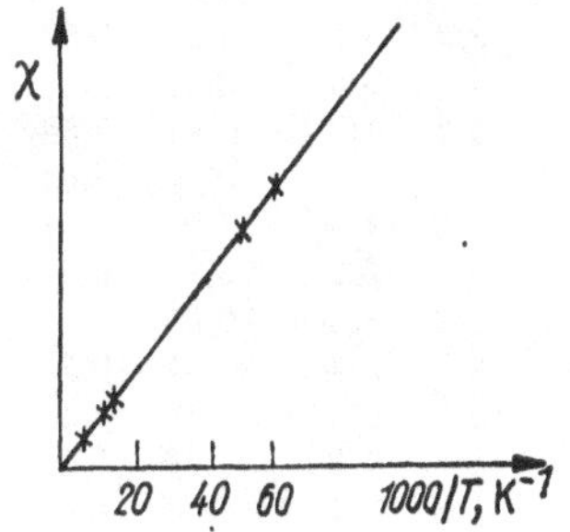


Abb. 3.2. Paramagnetische Suszeptibilität von $CuSO_4 \cdot K_2SO_4 \cdot 6\,H_2O$ als Funktion von $1/T$ (nach I. C. HUPSE)

stand haben, dessen Entartung durch das Magnetfeld aufgehoben wird. Alle höheren Energieniveaus sind dabei vernachlässigt, sie sind ja auch in (3.4) nicht enthalten. Diese Annahme ist bei den meisten Seltenerdatomen gerechtfertigt, dann liegen die angeregten Niveaus so weit oberhalb des Grundniveaus, daß man ihren Einfluß vernachlässigen kann. Das sieht man in der Tab. 3.1, in der die nach dem CURIE-Gesetz bestimmten effektiven magnetischen Momente mit den nach (3.11) berechneten Werte verglichen sind. Ausnahmen bilden lediglich die Ionen $Eu^{3+}$ und $Sm^{3+}$. VAN VLECK hat für diese Ionen eine befriedigende Theorie gegeben, die im folgenden erläutert werden soll.

Dazu verwendet man wieder ein einfaches Modell, in dem das betrachtete Ion im Grundzustand $|0\rangle$ kein magnetisches Moment hat, d. h. das Matrixelement $\langle 0|\,\hat{m}_z\,|0\rangle$ verschwindet. Im Abstand $\Delta = E_1 - E_0$ darüber liege ein zweites Niveau $|1\rangle$, dessen Einfluß betrachtet werden soll. Das nichtdiagonale Matrixelement $\langle 1|\,\hat{m}_z\,|0\rangle$ sei von Null verschieden. Bei schwacher Störung $m_z H \ll \Delta$ kann man die Störungstheorie anwenden, nach der die Wellen-

Tabelle 3.1
Vergleich der berechneten und gemessenen effektiven magnetischen Momente der Seltenerdionen

| Ion | Elektronen | Grund-zu-stand | $L$ | $S$ | $J$ | $g$ | $n_B$ (ber.) | $n_B$ (gem.) |
|---|---|---|---|---|---|---|---|---|
| $La^{3+}$ | $4f^0\ 5s^2\ p^6$ | $^1S_0$ | 0 | 0 | 0 | | 0 | diam. |
| $Ce^{3+}$ | $4f^1\ 5s^2\ p^6$ | $^2F_{5/2}$ | 3 | 1/2 | 5/2 | 6/7 | 2,54 | 2,39 |
| $Pr^{3+}$ | $4f^2\ 5s^2\ p^6$ | $^3H_4$ | 5 | 1 | 4 | 4/5 | 3,58 | 3,6 |
| $Nd^{3+}$ | $4f^3\ 5s^2\ p^6$ | $^4I_{9/2}$ | 6 | 3/2 | 9/2 | 8/11 | 3,62 | 3,62 |
| $Pm^{3+}$ | $4f^4\ 5s^2\ p^6$ | $^5I_4$ | 6 | 2 | 4 | 3/5 | 2,68 | |
| $Sm^{3+}$ | $4f^5\ 5s^2\ p^6$ | $^6H_{5/2}$ | 5 | 5/2 | 5/2 | 2/7 | 0,84 | 1,54 |
| $Eu^{3+}$ | $4f^6\ 5s^2\ p^6$ | $^7F_0$ | 3 | 3 | 0 | | 0 | 3,61 |
| $Gd^{3+}$ | $4f^7\ 5s^2\ p^6$ | $^8S_{7/2}$ | 0 | 7/2 | 7/2 | 2 | 7,94 | 8,2 |
| $Tb^{3+}$ | $4f^8\ 5s^2\ p^6$ | $^7F_6$ | 3 | 3 | 6 | 3/2 | 9,72 | 9,6 |
| $Dy^{3+}$ | $4f^9\ 5s^2\ p^6$ | $^6H_{15/2}$ | 5 | 5/2 | 15/2 | 4/3 | 10,65 | 10,5 |
| $Ho^{3+}$ | $4f^{10}\ 5s^2\ p^6$ | $^5I_8$ | 6 | 2 | 8 | 5/4 | 10,61 | 10,5 |
| $Er^{3+}$ | $4f^{11}\ 5s^2\ p^6$ | $^4I_{15/2}$ | 6 | 3/2 | 15/2 | 6/5 | 9,58 | 9,5 |
| $Tm^{3+}$ | $4f^{12}\ 5s^2\ p^6$ | $^3H_6$ | 5 | 1 | 6 | 7/6 | 7,56 | 7,2 |
| $Yb^{3+}$ | $4f^{13}\ 5s^2\ p^6$ | $^2F_{7/2}$ | 3 | 1/2 | 7/2 | 8/7 | 4,54 | 4,4 |
| $Lu^{3+}$ | $4f^{14}\ 5s^2\ p^6$ | $^1S_0$ | 0 | 0 | 0 | | 0 | diam. |

funktion einschließlich der Korrektur erster Ordnung gegeben ist durch

$$|0'\rangle = |0\rangle + \frac{H}{\Delta} \langle 1|\, \hat{m}_z\, |0\rangle\, |1\rangle,$$

$$|1'\rangle = |1\rangle - \frac{H}{\Delta} \langle 0|\, \hat{m}_z\, |1\rangle\, |0\rangle. \tag{3.13}$$

Danach hat der gestörte Grundzustand $|0'\rangle$ das magnetische Moment

$$\langle 0'|\, \hat{m}_z\, |0'\rangle = \frac{2H}{\Delta} \left| \langle 1|\, \hat{m}_z\, |0\rangle \right|^2 \tag{3.14}$$

und der gestörte obere Zustand entsprechend

$$\langle 1'|\hat{m}_z|1'\rangle = -\frac{2H}{\Delta} \left| \langle 1|\, \hat{m}_z\, |0\rangle \right|^2. \tag{3.15}$$

Wenn man mit den beiden Energien 0 und $\Delta$ den BOLTZMANN-Faktor aufschreibt, erhält man für das magnetische Moment

$$\langle \hat{m}_z \rangle = \frac{2H}{\Delta} \left| \langle 1 | \hat{m}_z | 0 \rangle \right|^2 [1 - \exp(-\Delta/kT)]. \qquad (3.16)$$

Im Grenzfall tiefer Temperaturen $kT \ll \Delta$ bekommt man also die Magnetisierung

$$M = N \frac{2H}{\Delta} \left| \langle 1 | \hat{m}_z | 0 \rangle \right|^2 \qquad (3.17)$$

und daraus die temperaturunabhängige VAN-VLECKsche Suszeptibilität

$$\chi = \frac{N}{\mu_0} \frac{2}{\Delta} \left| \langle 1 | \hat{m}_z | 0 \rangle \right|^2. \qquad (3.18)$$

Bei $kT \gg \Delta$ gilt

$$1 - \exp(-\Delta/kT) \approx \Delta/kT, \qquad (3.19)$$

und man erhält das CURIE-Gesetz

$$\chi = \frac{2N}{\mu_0} \left| \langle 1 | \hat{m}_z | 0 \rangle \right|^2 /kT. \qquad (3.20)$$

Ein schönes Beispiel für die Anwendung dieser Theorie findet man in Abb. 3.3, in der die Suszeptibilität von $Eu_2O_3$ aufgetragen ist. Bis etwa 50 K ist sie konstant, dann fällt sie nach dem CURIE-Gesetz ab.

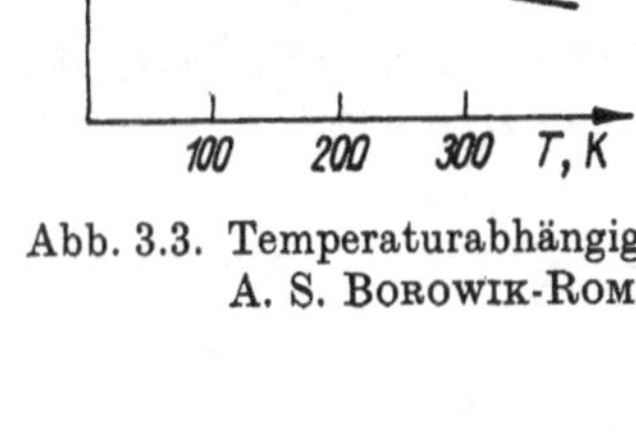


Abb. 3.3. Temperaturabhängigkeit der Suszeptibilität von $Eu_2O_3$ (nach A. S. BOROWIK-ROMANOW und N. M. KREINES)

Tabelle 3.2

Vergleich der berechneten und gemessenen effektiven magnetischen Momente der $3d$-Ionen

| Ion | Elektronen | Grundzustand | $n_B$(ber.) | $n_B$(gem.) | $2[S(S+1)]^{1/2}$ |
|---|---|---|---|---|---|
| $Sc^{3+}$ | $3d^0$ | $^1D_0$ | 0 | 0 | 0 |
| $Ti^{3+}$ | $3d^1$ | $^2D_{3/2}$ | 1,55 | 1,8 | 1,73 |
| $V^{3+}$ | $3d^2$ | $^3F_2$ | 1,63 | 2,8 | 2,83 |
| $Cr^{3+}$ | $3d^3$ | $^4F_{3/2}$ | 0,77 | 3,8 | 3,87 |
| $Mn^{3+}$ | $3d^4$ | $^5D_4$ | 0 | 4,9 | 4,9 |
| $Fe^{3+}$, $Mn^{2+}$ | $3d^5$ | $^6S_{5/2}$ | 5,92 | 5,92 | 5,9 |
| $Fe^{2+}$ | $3d^6$ | $^5D_4$ | 6,7 | 5,4 | 4,9 |
| $Co^{2+}$ | $3d^7$ | $^4F_{9/2}$ | 6,63 | 4,8 | 3,87 |
| $Ni^{2+}$ | $3d^8$ | $^3F_4$ | 5,59 | 3,2 | 2,83 |
| $Cu^{2+}$ | $3d^9$ | $^2D_{5/2}$ | 3,55 | 1,9 | 1,73 |
| $Cu^{1+}$ | $3d^{10}$ | $^1S_0$ | 0 | 0 | 0 |

Wenn man nach dem obigen Konzept die Salze der $3d$-Metalle behandelt und für sie $n_B$ nach (3.11) berechnet, erhält man die Daten von Tab. 3.2. In dieser Tabelle ist auch die Größe $n_{eff} = 2[S(S+1)]^{1/2}$ enthalten. Man sieht deutlich, daß man die Gl. (3.11) nicht anwenden kann, sondern daß offenbar $J$ durch $S$ zu ersetzen ist. Offensichtlich tragen die $3d$-Ionen nur durch ihren Spin zum magnetischen Moment bei. Um das zu verstehen, muß man auf die Gruppentheorie bzw. die Theorie der elektrischen Kristallfelder zurückgreifen.

Betrachten wir also ein Atom mit $3d$-Elektronen. In einem kubischen Kristall spalten die fünffach entarteten Niveaus der $3d$-Elektronen auf in ein Dublett mit den beiden Wellenfunktionen $\psi_{z^2}$ und $\psi_{x^2-y^2}$ und in ein Triplett mit den Funktionen $\psi_{xy}$, $\psi_{yz}$, $\psi_{xz}$. Gesucht ist nun der Beitrag der Bahnbewegung zum magnetischen Moment in einem der Zustände. Zu diesem Zwecke hat man z. B. den Erwartungswert

$$\langle \hat{L}_z \rangle = \langle (x^2 - y^2)\, f(r)\, |\hat{L}_z|\, (x^2 - y^2)\, f(r) \rangle \tag{3.21}$$

($f(r)$ radialer Anteil der Wellenfunktion) zu berechnen. Nach den Gesetzen der Quantenmechanik kann man $\hat{L}_z$ darstellen als

$$\hat{L}_z = -i\hbar \left( x \frac{\partial}{\partial y} - y \frac{\partial}{\partial x} \right).$$

Dann folgt für den obigen Erwartungswert

$$\langle \hat{L}_z \rangle = -i\hbar \int \left((x^2 - y^2) f(r)\right)^* \left(x \frac{\partial}{\partial y} - y \frac{\partial}{\partial x}\right)$$
$$(x^2 - y^2) f(r) \, d^3r. \tag{3.22}$$

Der Erwartungswert muß eine reelle Zahl sein, da $\hat{L}_z$ ein hermitescher Operator ist. Die Funktion $(x^2 - y^2) f(r)$ ist reell, da man sie als Lösung einer SCHRÖDINGER-Gleichung ohne Magnetfeld, d. h. einer reellen SCHRÖDINGER-Gleichung, betrachten kann. Dann ist das Integral in (3.22) reell. Den Widerspruch kann man nur lösen, wenn das Integral verschwindet, analoge Betrachtungen gelten auch für $\hat{L}_x$ und $\hat{L}_y$ sowie für die andere Bahnfunktion $\psi_{z^2}$. Für das Dublett ist also

$$\langle \hat{L}_x \rangle = \langle \hat{L}_y \rangle = \langle \hat{L}_z \rangle = 0. \tag{3.23}$$

Die an die Symmetrie des Kristallfeldes angepaßten Wellenfunktionen der $3d$-Elektronen bzw. die durch sie beschriebene Bahnbewegung liefert also keinen Beitrag zum magnetischen Moment. Man spricht dann von dem Auslöschen oder dem Quenching des Bahndrehimpulses.

Bei dem Triplett ist die Situation etwas komplizierter. Man kann von den drei Funktionen $\psi_{xy}$, $\psi_{yz}$, $\psi_{xz}$ zu komplexen Linearkombinationen übergehen. Die Erwartungswerte der Komponenten des Bahndrehimpulses verschwinden dann nicht, sie ergeben Resultate, die denen von $p$-Wellenfunktionen entsprechen. Man spricht von einem partiellen Quenching, da der Bahndrehimpuls $L = 2$ auf einen effektiven $L = 1$ reduziert wird.

Durch solche Überlegungen kann man die letzte Spalte in Tab. 3.2 besser verstehen. Es sei noch erwähnt, daß eventuell höhere Niveaus einen Beitrag zum Bahnmoment geben können. Weitere Einzelheiten findet man in Büchern über Kristallfeldtheorie oder über magnetische Eigenschaften von Festkörpern.

Neben den Stoffen, die Ionen der $3d$- bzw. $4d$-Gruppe enthalten, kann man mit analogen Betrachtungen auch die Stoffe behandeln, die Ionen der Transurane enthalten. Einen ersten Überblick über einige Beispiele gibt Tab. 3.3.

Mit solchen Überlegungen kann man den Paramagnetismus von dielektrischen, d. h. nichtleitenden, Festkörpern einigermaßen gut erklären. Nach VAN VLECK (1932) teilt man diese Stoffe ein in 1. Kristalle mit schwacher magnetischer Kopplung, das sind vor

Tabelle 3.3

Vergleich der berechneten und gemessenen effektiven magnetischen Momente von Ionen der Transurane (nach A. H. Morrish und W. Trzebiatowski)

| Verbindung | Zahl der magnetischen Elektronen (5f, 6d) | d- und f-Elektronen $n_{eff} = [J(J+1)]^{1/2}$ | d-Elektronen $n_{eff} = 2[S(S+1)]^{1/2}$ | f-Elektronen $n_{eff} = 2[S(S+1)]^{1/2}$ | Experiment |
|---|---|---|---|---|---|
| $Na(NpO_2)(C_2H_3O_2)_3$ | 1 | 2,54 | 1,73 | 1,73 | 1,84 |
| $Na(PuO_2)(C_2H_3O_2)_3$ | 2 | 3,58 | 2,83 | 2,83 | 2,83 |
| $U^{4+}$ im US | 2 | 3,58 | 2,83 | 2,83 | (2,22–2,31) |
| $U^{3+}$ | 3 | 3,62 | 3,87 | 3,87 | (3,94 in UP) |
| $PuF_4$ | 4 | 2,68 | 4,90 | 4,90 | 2,98 |
| $PuF_3$, $PuCl_3$ | 5 | 0,84 | 5,92 | 5,92 | 1,2; 1,0 |
| $AmF_3$ | 6 | 0,00 | 4,90 | 6,92 | 1,3 |
| $CmF_3$ | 7 | 7,94 | 3,83 | 7,92 | 7,9 |

allem die Verbindungen der seltenen Erden, in ihnen hat man kein Quenching, die oben erwähnte Theorie ist gut anwendbar; 2. Kristalle mit „eingefrorenem" Bahnmoment, vor allem die Salze der 3*d*-Metalle, man hat dann anstelle des Gesamtdrehimpulses $J$ den Spin $S$ zu betrachten; 3. Kristalle mit „eingefrorenem" Bahn- und Spinmoment, das sind die Salze der 4*d*- und 5*d*-Metalle. Hier ist die Übereinstimmung mit der Theorie sehr schlecht.

In Metallen und Halbleitern hat man neben den Beiträgen der Ionen, also des Kristallgitters, die Beiträge der Leitungselektronen gesondert zu betrachten. Das gelang Pauli (1927) durch Anwendung der Fermi-Dirac-Statistik auf das einfache Modell eines Elektronengases. In guter Näherung erhält man einen temperaturunabhängigen positiven Beitrag zur Suszeptibilität

$$\chi = + \frac{12 m \mu_B^2}{h^2 \mu_0} \left(\frac{\pi}{3}\right)^{2/3} \cdot (n)^{1/3}. \tag{3.24}$$

Vergleicht man mit (2.15), so sieht man, daß der sogenannte Paulische Paramagnetismus dreimal so stark wie der Landausche Diamagnetismus ist. Bei solchen Metallen, bei denen man dieses einfache Modell der freien Elektronen anwenden kann (z. B.

Na, K) ist also der Diamagnetismus der Elektronen überdeckt durch den von den Elektronenspins herrührenden Paramagnetismus.

Bei den Halbleitern ist die Situation noch komplizierter. Näherungsweise kann man die Suszeptibilität der Halbleiter aus vier Summanden zusammensetzen, aus der atomaren Suszeptibilität des Grundmaterials (etwa Ge oder Si), der Suszeptibilität der Leitungselektronen und der Löcher (die man ähnlich dem Beitrag der Metallelektronen behandeln kann), der Suszeptibilität der Dotierungen in den Halbleitern und der temperaturunabhängigen Suszeptibilität, die durch thermische Gitterdefekte, Versetzungen oder die Oberfläche bedingt sind.

# 4. Stark magnetische Stoffe – Molekularfeldtheorie des Ferro-, Antiferro- und Ferrimagnetismus

Viele Stoffe zeigen neben dem Dia- oder Paramagnetismus auch noch eine spontane Ordnung der magnetischen Momente (ohne Einwirkung äußerer Felder). Man spricht dann von stark magnetischen Stoffen oder von kollektiven magnetischen Ordnungsphänomenen. Im einzelnen geht es dabei um den Ferro-, Antiferro- oder Ferrimagnetismus. Diese Phänomene sollen zunächst in der einfachsten Form erklärt werden.

## *4.1. Der Ferromagnetismus*

Beim Ferromagnetismus sind alle magnetischen Momente unterhalb der Curie-Temperatur $T_C$ parallel zueinander geordnet. Typische Beispiele sind die Metalle Fe, Co, Ni, Gd, viele Legierungen sowie nichtmetallische Verbindungen wie $CrBr_3$, EuO, $CdCr_2Se_4$. Von P. Weiss (1907) stammt die erste, einfachste Erklärung dieses Phänomens. Man geht aus von der Theorie des Paramagnetismus und nimmt an, daß die magnetische Ordnung der Momente durch ein inneres Magnetfeld $H_i$, auch als Molekularfeld bezeichnet, verursacht ist. Über die Natur dieses Feldes ist zunächst nichts bekannt, man setzt lediglich an, daß es proportional zur Magnetisierung ist. Dieses Feld berücksichtigt man im Argument $a$ der Brillouin-Funktion bei der Berechnung der Magnetisierung gemäß (3.8). Man nimmt das Argument $a$ und ergänzt $H$ durch einen Summanden $H_i = WM/\mu_0$. $W$ bezeichnet man als Molekularfeldkonstante. Jedes magnetische Moment befindet sich also in einem Magnetfeld, das aus der Summe von äußerem und innerem Feld besteht. Dann folgt (s. auch (3.8.)):

$$M = Ng\mu_B J B_J(a) = Ng\mu_B J B_J \left[\frac{g\mu_B J}{kT}(H + WM/\mu_0)\right]. \quad (4.1)$$

Das äußere Magnetfeld soll zunächst gleich Null gesetzt werden. Dann liegt eine implizite Gleichung für die Magnetisierung $M$ als Funktion der Temperatur $T$ vor, die man numerisch oder graphisch lösen kann. Zur Vereinfachung wird die maximale Magnetisierung $M_0$ nach (3.12) eingeführt. Dann ist die Gleichung

$$M/M_0 = B_J\left(\frac{g\mu_B J W M}{\mu_0 kT}\right) \quad (4.2)$$

graphisch zu lösen.

Dazu formt man die linke Seite so um, daß dort auch das Argument der Brillouin-Funktion auftritt:

$$M/M_0 = \frac{g\mu_B J W M}{\mu_0 kT} \cdot \frac{\mu_0 kT}{g\mu_B J W M_0}. \quad (4.3)$$

Man trägt nun über der Abszisse $a = g\mu_B J W M/\mu_0 kT$ einmal die Brillouin-Funktion $B_J$ und zum anderen $M/M_0$, also eine Gerade, auf. Damit ergibt sich die Abb. 4.1. Wenn der Anstieg der Geraden hinreichend klein ist, bekommt man einen Schnittpunkt mit der

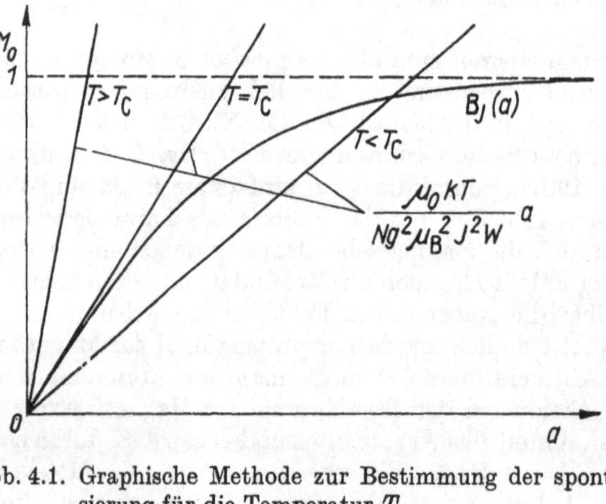


Abb. 4.1. Graphische Methode zur Bestimmung der spontanen Magnetisierung für die Temperatur $T$

Kurve für $B_J$ und damit einen von Null verschiedenen Wert $M(T)$. Diese Magnetisierung $M$ verschwindet als Funktion der Temperatur bei der CURIE-Temperatur $T_C$, bei der der Anstieg der Geraden gleich dem Anstieg der BRILLOUIN-Funktion im Ursprung wird. Bei kleinen Argumenten kann man $B_J$ entwickeln:

$$B_J\left(\frac{g\mu_B J W M}{\mu_0 k T}\right) \approx \frac{J+1}{3J}\,\frac{g\mu_B J W M}{\mu_0 k T}\,.$$

Setzt man diesen Wert gleich dem Ausdruck (4.3), so erhält man für die CURIE-Temperatur

$$T_C = \frac{J+1}{3k\mu_0}\,g\mu_B W M_0 = \frac{J(J+1)}{3k\mu_0}\,g^2\mu_B{}^2 W M\,. \tag{4.4}$$

Führt man $T_C$ in (4.2) ein, so hat man

$$M/M_0 = B_J\left(\frac{3J}{J+1}\cdot\frac{M}{M_0}\cdot\frac{T_C}{T}\right).$$

Die graphische Diskussion ergibt die Kurve in Abb. 4.2. Oberhalb $T_C$ gibt es nur die Lösung $M = 0$. Bei $T \to T_C$ entwickelt man die BRILLOUIN-Funktion nach kleinen Argumenten und erhält so

$$B_J(a) \approx \frac{J+1}{3J}\,a - \frac{(2J+1)^4 - 1}{(2J)^4}\cdot\frac{a^3}{45}\,. \tag{4.5}$$

Damit folgt für die Magnetisierung in der Nähe der CURIE-Temperatur

$$\left(\frac{M}{M_0}\right)^2 = \frac{10}{3}\,\frac{(J+1)^2}{(J+1)^2+J^2}\left(\frac{T}{T_C}\right)^2\left(1-\frac{T}{T_C}\right)$$

$$\to \text{const}\left(1-\frac{T}{T_C}\right). \tag{4.6}$$

Am CURIE-Punkt verschwindet also die Magnetisierung mit der Wurzel aus der Temperaturdifferenz $T_C - T$. Hierauf basiert auch die experimentelle Ermittlung von $T_C$.

Bei $T \to 0$ K strebt $M$ gegen den Sättigungswert $M_0$. Um dieses Verhalten etwas genauer zu untersuchen, benutzt man den asymptotischen Ausdruck für die Funktion coth

$$\coth x \approx 1 + 2\mathrm{e}^{-2x}.$$

Setzt man ihn in die BRILLOUIN-Funktion ein, so sieht man, daß die Magnetisierung mit der Funktion exp $(-\text{const}/kT)$ gegen den Sättigungswert $M_0$ geht. Das entspricht aber nicht dem experimentellen Befund bei allen Ferromagneten. Darauf soll noch später eingegangen werden.

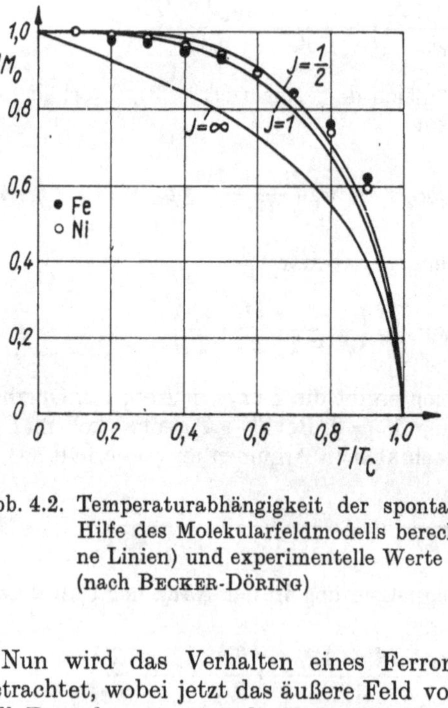


Abb. 4.2. Temperaturabhängigkeit der spontanen Magnetisierung; mit Hilfe des Molekularfeldmodells berechnete Kurven (ausgezogene Linien) und experimentelle Werte (eingetragene Meßpunkte) (nach BECKER-DÖRING)

Nun wird das Verhalten eines Ferromagneten oberhalb $T_C$ betrachtet, wobei jetzt das äußere Feld von Null verschieden sein soll. Dann kann in (4.1) die BRILLOUIN-Funktion wieder durch das erste Glied in (4.5) approximiert werden, und man findet

$$\frac{M}{M_0} = \frac{J+1}{3J} \frac{g\mu_B J}{kT} (H + WM/\mu_0).$$

Hieraus kann zunächst $M$ als Funktion von $H$ und $T$ und dann die paramagnetische Suszeptibilität berechnet werden:

$$\chi_{\text{para}} = \frac{C}{T - WC} = \frac{C}{T - \theta}, \qquad T > T_C, \tag{4.7}$$

mit den Konstanten

$$C = \frac{J(J+1)}{3k} g^2 \mu_B{}^2 N/\mu_0 \qquad \text{und} \qquad \theta = T_C. \tag{4.8}$$

Das ist das bekannte CURIE-WEISSsche Gesetz, das experimentell gut erfüllt ist (bis auf die direkte Umgebung des CURIE-Punktes).

Durch (4.4) bzw. (4.7) hat man auch die experimentelle Möglichkeit bekommen, die bisher unbekannte Molekularfeldkonstante $W$ zu bestimmen. Aus der experimentell bestimmten CURIE-Temperatur $\theta = 650$ K für Nickel, bestimmt nach (4.7), findet man $W = 13000$ und damit für das maximale Molekularfeld $H_i = WM/\mu_0$ bei $T = 0$ K einen Wert in der Größenordnung $10^9$ A m$^{-1}$. Das sind Felder, die wesentlich größer als die im Labor üblicherweise erreichbaren sind ($10^6$ A m$^{-1}$).

Es muß darauf hingewiesen werden, daß in der oben behandelten Molekularfeldtheorie die Temperatur, bei der die Magnetisierung verschwindet, gleich der CURIE-Temperatur nach (4.7) ist. Das stimmt mit dem Experiment nicht überein. Man unterscheidet deshalb die ferromagnetische CURIE-Temperatur $T_C$, bei der $M = 0$ wird, von der paramagnetischen CURIE-Temperatur, oft auch mit dem Symbol $\theta$ gekennzeichnet. Der Unterschied ist dadurch zu erklären, daß die paramagnetische Suszeptibilität direkt oberhalb $T_C$ sich wie $(T - T_C)^{-4/3}$ verhält (dieses Verhalten kann durch die moderne Theorie der Phasenübergänge erklärt werden).

Damit ist die einfachste Theorie zur Erklärung der spontanen magnetischen Ordnung in einem Ferromagneten vorgestellt. Diese Molekularfeldtheorie gilt recht gut unterhalb der CURIE-Temperatur und weit oberhalb im paramagnetischen Bereich. Sie liefert aber relativ schlechte Ergebnisse bei sehr tiefen Temperaturen und direkt oberhalb des CURIE-Punktes.

Abschließend werden noch einige Ferromagnetika aus den unterschiedlichen Stoffgruppen vorgestellt. Tab. 4.1 enthält die wichtigsten magnetischen Daten wie ferro- und paramagnetischer CURIE-Punkt sowie das magnetische Moment bei 0 K, bezogen auf die Volumeneinheit bzw. auf ein Molekül. Obwohl in den vergangenen Jahrzehnten zahlreiche Messungen dieser Daten ausgeführt wurden, schwanken die Angaben von Autor zu Autor oft noch erheblich. Gründe dafür sind einmal Unsicherheiten in den notwendigen Extrapolationen, aber auch die ungenaue Kenntnis der exakten Zusammensetzung bzw. die ungenügende Reinheit bei den aus zwei oder mehr Elementen bestehenden Stoffen.

Tabelle 4.1
Magnetische Eigenschaften einiger Ferromagnete

| | $T_C$/K | $\theta$/K | $M_0$/Vsm$^{-2}$ | $n_B$ |
|---|---|---|---|---|
| Fe | 1043 | 1100 | 2,18 | 2,22 |
| Co | 1400 | 1420 | 1,84 | 1,72 |
| Ni | 630 | 650 | 0,63 | 0,606 |
| Gd | 292 | 302 | 2,52 | 7,10 |
| $CrO_2$ | 405 | | 0,76 | 1,85 |
| $CrBr_3$ | 37 | 50 | 0,34 | 3,0 |
| EuO | 69 | 80 | 2,41 | 6,8 |
| EuS | 16,5 | 19 | 1,53 | 6,9 |
| $\alpha$-$UH_3$ | 182 | 174 | 0,29 | 0,9 |
| $CdCr_2Se_4$ | 129 | 204 | 0,45 | 6,0 |

## *4.2. Der Antiferromagnetismus*

Es ist bekannt, daß es neben den ferromagnetischen Stoffen auch andere Stoffe mit kollektiver Wechselwirkung der magnetischen Momente gibt, das sind vor allem die Antiferro- und die Ferrimagnetika.

Die antiferromagnetischen Stoffe sind dadurch gekennzeichnet, daß in ihnen die magnetischen Momente in verschiedene Richtungen zeigen können, wobei die Vektorsumme bei fehlendem äußeren Feld verschwindet. Man bezeichnet die Menge der magnetischen Momente, die in eine Richtung zeigen, als ein Untergitter. Bei einem Zweiuntergitter-Antiferromagnetikum, dem einfachsten Fall, sind die Magnetisierungen der beiden Untergitter antiparallel zueinander (ohne äußeres Feld). Ein Beispiel ist MnO, es hat Steinsalzstruktur. Die Momente in (111)-Ebenen sind parallel zueinander, wobei aber aufeinanderfolgende Netzebenen antiparallele Richtungen der Momente haben.

In der Molekularfeldtheorie setzt man für die Untergittermagnetisierungen $M_1$ und $M_2$ in Analogie zu (4.1) an

$$\begin{aligned} M_1 &= \frac{1}{2} N g \mu_B J \mathrm{B}_J \left[\frac{g\mu_B J}{kT} (H + H_i^{(1)})\right], \\ M_2 &= \frac{1}{2} N g \mu_B J \mathrm{B}_J \left[\frac{g\mu_B J}{kT} (H + H_i^{(2)})\right]. \end{aligned} \qquad (4.9)$$

Der Faktor 1/2 drückt aus, daß die Hälfte der Ionen zu dem einen Untergitter, die andere zum zweiten gehört. Zu erweitern ist auch der Ansatz für das Molekularfeld. Er lautet bei zwei Untergittern für die einzuführenden zwei inneren Felder[1])

$$\mu_0 \boldsymbol{H}_i^{(1)} = W_{11}\boldsymbol{M}_1 + W_{12}\boldsymbol{M}_2,$$
$$\mu_0 \boldsymbol{H}_i^{(2)} = W_{21}\boldsymbol{M}_1 + W_{22}\boldsymbol{M}_2. \tag{4.10}$$

Man hat also zunächst 4 Molekularfeldkonstanten. Da die beiden Untergitter bis auf die Richtung gleichberechtigt sind, kann man vereinfachen zu.

$$\mu_0 \boldsymbol{H}_i^{(1)} = W_{11}\boldsymbol{M}_1 + W_{12}\boldsymbol{M}_2,$$
$$\mu_0 \boldsymbol{H}_i^{(2)} = W_{12}\boldsymbol{M}_1 + W_{11}\boldsymbol{M}_2. \tag{4.10a}$$

Setzt man zunächst wieder das äußere Feld $H$ gleich Null und benutzt die Tatsache, daß dann $M_1 = -M_2$ ist, so findet man z. B. für $M_1$ die Gleichung

$$M_1 = \frac{1}{2} N g \mu_B J B_J \left[\frac{g\mu_B J}{kT} (W_{11} - W_{12}) M_1/\mu_0\right],$$

also eine zu (4.2) analoge Gleichung für die Untergittermagnetisierung. Daraus folgt sofort für die NÉEL-Temperatur $T_N$, bei der $M_1(T)$ verschwindet,

$$T_N = \frac{J(J+1)}{6k} g^2 \mu_B^2 N (W_{11} - W_{12})/\mu_0 = \frac{C}{2} (W_{11} - W_{12}). \tag{4.11}$$

Nun werden Temperaturen oberhalb $T_N$ betrachtet, wobei angenommen wird, daß sich der Stoff in einem äußeren Feld $H$ befindet. Bei hohen Temperaturen kann man die BRILLOUIN-Funktion wie üblich entwickeln und erhält aus (4.9)—(4.10) ein inhomogenes Gleichungssystem für die beiden Größen $M_1$ und $M_2$. Durch einfache Addition beider Gleichungen erhält man eine für die Magnetisierung $M = M_1 + M_2$, und aus ihr folgt direkt die

[1]) Obwohl $\boldsymbol{H}$ und $\boldsymbol{M}$ Vektoren sind, konnte bei den bisherigen Betrachtungen zum Paramagnetismus und Ferromagnetismus der Betrag eingesetzt werden, da $\boldsymbol{M}$ und $\boldsymbol{H}$ immer parallel waren. Wegen $\boldsymbol{H}_i = W \boldsymbol{M}$ gilt das auch für das WEISSsche Molekularfeld. Für Antiferromagnetika und Ferrimagnetika ist das auch noch oberhalb $T_N$ bzw. $T_C$ richtig; unterhalb $T_N$ bzw. $T_C$ gilt zwar noch $\boldsymbol{H}_i^{(n)} \parallel \mathrm{M}_n$, die einzelnen Magnetisierungen der Untergitter können jedoch in verschiedene Richtungen zeigen, so daß hier die Vektorschreibweise notwendig ist.

paramagnetische Suszeptibilität

$$\chi = \frac{C}{T - \theta} \tag{4.12}$$

mit

$$\theta = \frac{C}{2}(W_{11} + W_{12}). \tag{4.13}$$

Messungen bestätigen dieses Gesetz mit $\theta < 0$. Man hat daher zwei charakteristische Temperaturen $T_N$ und $\theta$, die durch

$$\frac{T_N}{\theta} = \frac{W_{11} - W_{12}}{W_{11} + W_{12}}$$

zusammenhängen.

Das Zweiuntergittermodell läßt als zweite Lösung natürlich auch noch den ferromagnetischen Fall $M_1 = M_2$ zu. Im äußeren Feld 0 verschwindet $M_1$ dann bei

$$T_C = \theta = \frac{C}{2}(W_{11} + W_{12}).$$

Da derjenige Zustand, der die höhere Übergangstemperatur besitzt, der stabilere ist, läßt sich ein Phasendiagramm in der $W_{11}-W_{12}$-Ebene aufstellen (Abb. 4.3). Durch Vergleich von $T_N$ und $T_C$ ist leicht zu erkennen, daß das Vorzeichen von $W_{12}$, also die Wechselwirkung zwischen den beiden Untergittern, entscheidet, ob Ferromagnetismus ($W_{12} > 0$) oder Antiferromagnetismus ($W_{12} < 0$) vorliegt. Dieses Diagramm offenbart aber auch sehr schnell die Schwächen des Zweiuntergittermodells. Zwischen den in der unteren Halbebene punktiert eingezeichneten Geraden für $T_C = 0$ bzw. $T_N = 0$ und der Grenze $W_{12} = 0$ sollte ein ferromagnetischer Zustand mit $T_C < 0$ bzw. ein antiferromagnetischer Zustand mit $T_N < 0$ stabil sein. Das ist aber nicht möglich. Die Erklärung für diesen Widerspruch liegt darin, daß in diesem Gebiet die negative Wechselwirkung innerhalb der Untergitter eine Antiparallelstellung der Momente in jedem der beiden Untergitter erzwingt, was aber im Widerspruch zur anfangs gegebenen Untergitterdefinition steht.

Als Ausweg bietet sich die Unterteilung in mehr als zwei Untergitter an. Als ausreichend hat sich z. B. die Unterteilung eines kubisch-raumzentrierten (krz) Gitters der magnetischen Ionen in

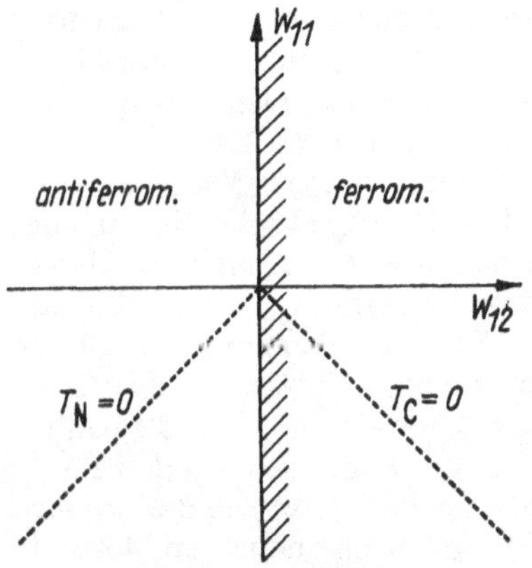


Abb. 4.3. Magnetisches Phasendiagramm eines Zweiuntergitter-Antiferromagneten

vier, eines kubisch-flächenzentrierten (kfz) Gitters der magnetischen Ionen in acht Untergitter erwiesen. Dann gehören nämlich alle nächsten und übernächsten (magnetischen) Nachbarn eines betrachteten Ions anderen Untergittern an. Die mathematische Behandlung wird genauso durchgeführt wie bei zwei Untergittern. Sie bietet keine prinzipiellen Schwierigkeiten, ist aber verhältnismäßig umfangreich, so daß hier darauf verzichtet wird. Als Ergeb-

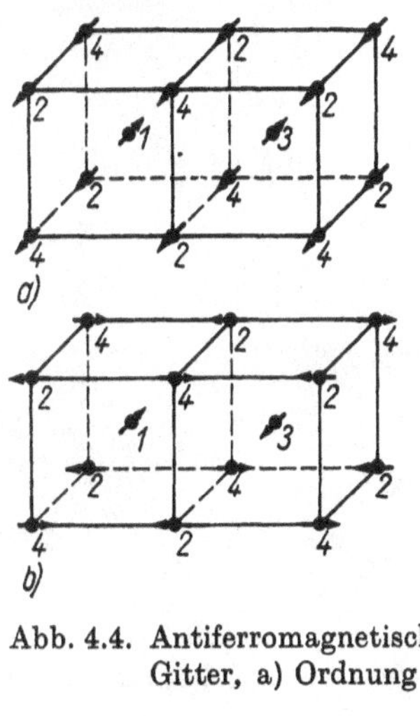


Abb. 4.4. Antiferromagnetische Ordnung im kubisch-raumzentrierten Gitter, a) Ordnung 1. Art, b) Ordnung 2. Art

nis erhält man neben der ferromagnetischen Lösung im krz Gitter zwei, im kfz drei antiferromagnetische Lösungen, die unterschiedlichen antiferromagnetischen Ordnungszuständen entsprechen und in Abb. 4.4 und 4.5 dargestellt sind.

Der experimentelle Nachweis solcher Strukturen ist mit Hilfe der Neutronenbeugung möglich, da das magnetische Moment des Neutrons beim Durchlaufen eines magnetischen Stoffes mit dessen Spin- und Bahnmomenten in Wechselwirkung tritt. Oberhalb der NÉEL-Temperatur liefert die Neutronenbeugung die gleiche Elementarzelle wie die Röntgenbeugung. Unterhalb der NÉEL-Temperatur liefert die Neutronenbeugung eine größere Elementarzelle. Im Falle des MnO ist, wie Abb. 4.6. zeigt, die Gitterkonstante der magnetischen Elementarzelle doppelt so groß wie die der chemischen Elementarzelle. Die Richtung der magnetischen Momente kann aus den Intensitäten der Reflexe ermittelt werden.

Nun interessiert noch das Verhalten eines Antiferromagnetikums unterhalb der NÉEL-Temperatur. Entscheidend ist hierfür, ob

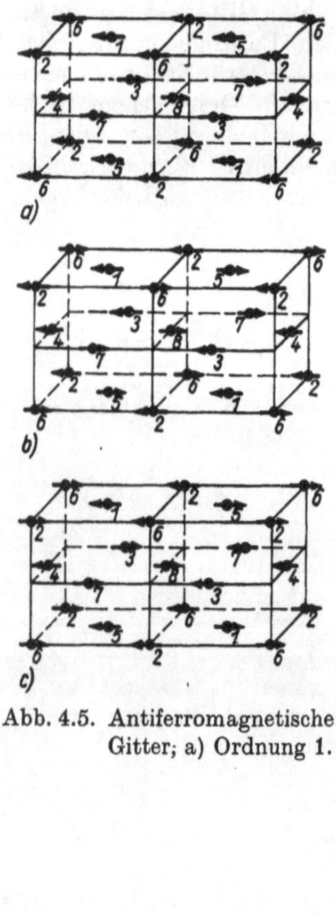


Abb. 4.5. Antiferromagnetische Ordnung im kubisch-flächenzentrierten Gitter; a) Ordnung 1. Art, b) Ordnung 2. Art, c) Ordnung 3. Art

man das äußere Magnetfeld parallel oder senkrecht zur Richtung der Untergittermagnetisierungen (wie sie z. B. von den Neutronenbeugungsmessungen her bekannt sind) anlegt. Die so ermittelten Suszeptibilitäten $\chi_{\parallel}$ und $\chi_{\perp}$ ergeben in einer polykristallinen Probe die Suszeptibilität

$$\chi_{\text{poly}} = \frac{1}{3} \chi_{\parallel} + \frac{2}{3} \chi_{\perp}. \tag{4.14}$$

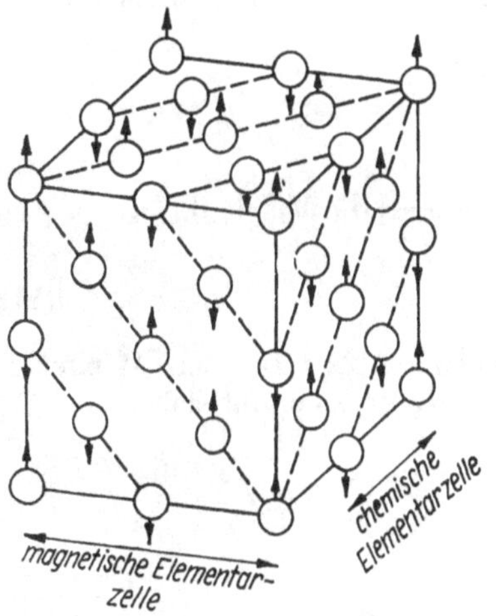


Abb. 4.6. Ordnungszustand der Spins von $Mn^{2+}$-Ionen in MnO nach Ergebnissen der Neutronenbeugung. Die $O^{2-}$-Ionen sind nicht eingezeichnet (nach C. G. Shull, W. A. Strauser und E. O. Wollan)

Am übersichtlichsten sind die Verhältnisse bei $T = 0$. Auch soll den Betrachtungen wieder das Zweiuntergittermodell zugrunde gelegt werden.

Liegt das äußere Magnetfeld senkrecht zu den Untergittermagnetisierungen, so versucht es, beide in Feldrichtung zu drehen, während die Molekularfelder die Antiparallelstellung aufrecht erhalten wollen. Als Kompromiß erfolgt ein Herausdrehen der Untergittermagnetisierungen um einen Winkel $\alpha$ (Abb. 4.7a)), der einem Energieminimum des Gesamtsystems entspricht. Die Gesamtenergiedichte eines Zweiuntergittersystems läßt sich all-

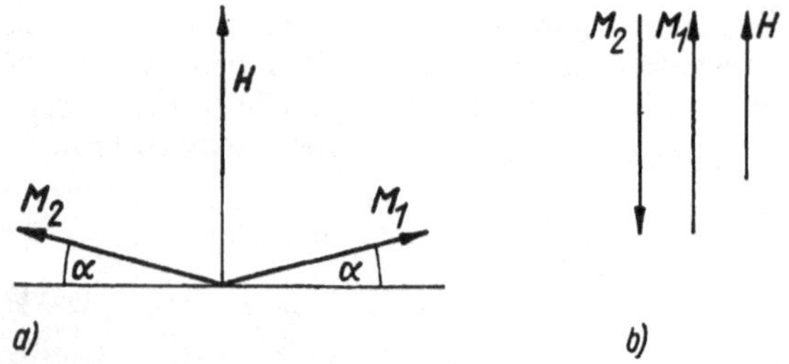


Abb. 4.7. a) Berechnung von $\chi_\perp$ und b) von $\chi_\parallel$ bei 0 K in der Molekularfeldnäherung

gemein in der Form

$$\frac{1}{V} E_G = -\boldsymbol{M}_1\boldsymbol{H} - \boldsymbol{M}_2\boldsymbol{H} - \frac{1}{2\mu_0}\left[W_{11}M_1^2 + W_{11}M_2^2 + 2W_{12}\boldsymbol{M}_1\boldsymbol{M}_2\right] \tag{4.15}$$

schreiben. Führt man entsprechend Abb. 4.7a) den Winkel $\alpha$ ein und berücksichtigt, daß $M_1 = M_2$ ist, so ergibt sich

$$\frac{1}{V} E_\perp = -2M_1 H \sin\alpha - \frac{1}{\mu_0} W_{11}M_1^2 + \frac{1}{\mu_0} W_{12}M_1^2 \cos 2\alpha. \tag{4.16}$$

Ein Energieminimum erfordert $\frac{\mathrm{d}E}{\mathrm{d}\alpha} = 0$. Die Differentiation von (4.16) ergibt

$$\frac{1}{V}\frac{\mathrm{d}E_\perp}{\mathrm{d}\alpha} = -2M_1\cos\alpha\left[H + \frac{2}{\mu_0} W_{12}M_1\sin\alpha\right]. \tag{4.17}$$

Berücksichtigt man noch die Bedingung $\mathrm{d}^2E/\mathrm{d}\alpha^2 > 0$, so findet man folgende Lösungen:

$$\sin\alpha = -\frac{\mu_0 H}{2W_{12}M_1} \quad \text{für} \quad 0 \leqq H \leqq -2W_{12}M_1/\mu_0$$

und

$$\cos\alpha = 0 \quad \text{für} \quad H \geqq -2W_{12}M_1/\mu_0. \tag{4.18}$$

Die hier interessierende Magnetisierung $M_\perp$ beträgt

$$M_\perp = 2M_1 \cos (90° - \alpha) = 2M_1 \sin \alpha. \qquad (4.19)$$

Unter Berücksichtigung von (4.18) erhält man

$$M_\perp = -\frac{\mu_0 H}{W_{12}} \quad \text{für} \quad 0 \leqq H \leqq -2W_{12}M_1/\mu_0$$

und

$$M_\perp = 2M_1 \quad \text{für} \quad H \geqq -2W_{12}M_1/\mu_0. \qquad (4.20)$$

Die Magnetisierung $M_\perp$ eines Antiferromagnetikums bei 0 K steigt also linear mit dem Feld an, bis beide Untergittermagnetisierungen in die Feldrichtung zeigen, der Antiferromagnetismus also in Ferromagnetismus übergeht. Das Sättigungsfeld liegt aber mit $10^8$ bis $10^9$ A/m über den im Labor erreichbaren Feldern.

Liegt das äußere Magnetfeld parallel zu den Untergittermagnetisierungen (Abb. 4.7b)), können die üblichen im Labor erreichbaren Felder von einigen $10^6$ A/m an dieser Konfiguration nichts ändern, so daß

$$M_\parallel = 0 \quad \text{und} \quad \chi_\parallel = 0$$

gilt.

Das Temperaturverhalten von $\chi_\parallel$, $\chi_\perp$ und $\chi_{poly}$ zwischen 0 K und $T_N$ ist in Abb. 4.8 dargestellt.

Die Zahl der Antiferromagnetika ist sehr groß, sie übertrifft die der Ferromagnetika bei weitem. Daß der Antiferromagnetismus in metallischen wie in nichtmetallischen Stoffen, in den unter-

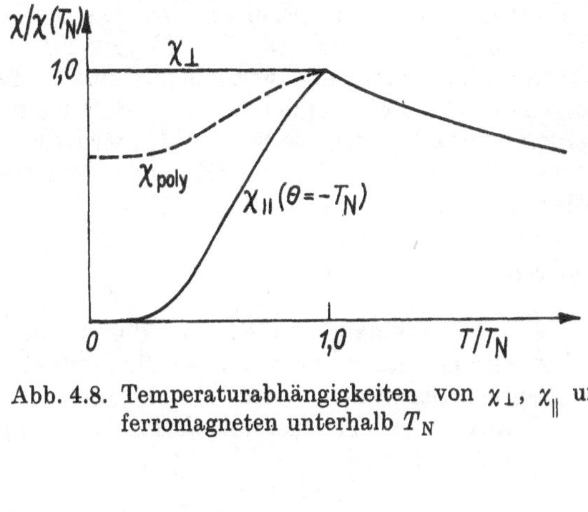


Abb. 4.8. Temperaturabhängigkeiten von $\chi_\perp$, $\chi_\parallel$ und $\chi_{poly}$ eines Antiferromagneten unterhalb $T_N$

schiedlichsten Zusammensetzungen und in allen Kristallsystemen vorkommt und daß auch die in den Abb. 4.4 und 4.5 skizzierten Ordnungstypen wirklich auftreten, zeigt Tab. 4.2, in der einige markante Antiferromagnetika mit ihren wichtigsten Strukturdaten und magnetischen Eigenschaften aufgeführt sind.

Tabelle 4.2
Wichtige Daten antiferromagnetischer Stoffe

| Substanz | magn. Kationen-struktur* | $n_{eff}$ | $T_N$/K | $-\theta$/K | magn. Ordnung |
|---|---|---|---|---|---|
| Cr | krz | (0,4) | 308 | | rz. 1. Art |
| $MnF_2$ | trz | 5,7 | 72 | 113 | rz. 1. Art |
| $CrF_2$ | mrz | 5,1 | 53 | | rz. 1. Art |
| MnO | kfz | 5,95 | 116 | 610 | fz. 2. Art |
| FeO | kfz | 4,6 | 198 | 570 | fz. 2. Art |
| CoO | kfz | 5,10 | 291 | 330 | fz. 2. Art |
| NiO | kfz | 4,6 | 525 | $\approx$ 2000 | fz. 2. Art |
| $\alpha$-MnS | kfz | 5,82 | 130 | 465 | fz. 2. Art |
| $\beta$-MnS | kfz | 5,97 | 150 | 982 | fz. 3. Art |
| $VO_2$ | trz | 1,73 | 340 | 720 | |
| $MnSe_2$ | kfz | 5,93 | $\approx$ 100 | $\approx$ 580 | fz. 3. Art |
| $\alpha$-$Cr_2O_3$ | trig | 3,73 | 307 | 490 | Kor. 1. Art |

* k — kubisch, t — tetragonal, m — monoklin, trig — trigonal, rz — raumzentriert, fz — flächenzentriert

Abschließend muß noch erwähnt werden, daß L. Néel in den dreißiger Jahren die Untergitterkonzeption in das Weisssche Molekularfeldmodell einführte und damit die Grundlage zur Entdeckung des Antiferromagnetismus, des Ferrimagnetismus und weiterer Erscheinungen wie z. B. Metamagnetismus und Helimagnetismus legte. In seinen Arbeiten hat er selbst auf der Grundlage des Zweiuntergittermodells die wesentlichsten Eigenschaften berechnet und diskutiert.

### *4.3. Der Ferrimagnetismus*

Läßt man die für den Antiferromagnetismus notwendige Voraussetzung, daß die Vektorsumme aller magnetischen Momente bei fehlendem äußeren Feld verschwindet, fallen, kommt man zum Ferrimagnetismus, wie diese neue Erscheinungsform von Néel genannt wurde. Typisch für Ferrimagnetika ist, daß sie sich bei tiefen Temperaturen ähnlich wie Ferromagnetika, bei hohen Temperaturen ähnlich wie Antiferromagnetika verhalten; es treten aber auch neue Eigenschaften auf. Hauptvertreter des Ferrimagnetismus sind Mischoxide, vor allem des Eisens (wovon auch der Name herrührt), mit Spinell-, Granat- oder einer komplizierten hexagonalen Struktur. Alle wesentlichen magnetischen Eigenschaften wurden 1948 von NÉEL mit Hilfe des Zweiuntergittermodells abgeleitet. Die spätere Erweiterung auf mehr als zwei Untergitter, z. B. zur Behandlung der Granate, führte zu keinen grundsätzlich neuen Erscheinungen, so daß auch im folgenden das Zweiuntergittermodell zur Beschreibung der wesentlichsten Eigenschaften eines Ferrimagnetikums herangezogen wird.

Die Ungleichheit der beiden Untergitter rührt im allgemeinsten Fall sowohl von unterschiedlichen Anzahlen der magnetischen Ionen als auch von verschiedenen Ionenarten her. Daher ist der Ansatz (4.1) für $M_1$ und $M_2$ in folgender Art zu verallgemeinern:

$$M_l = M_{l,0} \mathrm{B}_{J,l} \left[ \frac{g_l \mu_{\mathrm{B}} J_l}{kT} (H + H_{\mathrm{i}}^{(l)}) \right], \qquad l = 1, 2. \qquad (4.21)$$

Für die Molekularfelder setzt man

$$\mu_0 \boldsymbol{H}_{\mathrm{i}}^{(l)} = \sum_h W_{lh} \boldsymbol{M}_h \qquad (4.22)$$

an. Mit der plausiblen Annahme $W_{12} = W_{21}$ lassen sich aus (4.21) und (4.22) alle interessierenden Abhängigkeiten berechnen.

Zur Behandlung des Ferrimagnetismus interessiert nur der Fall $W_{12} = W_{21} < 0$. Da Unterschiede in den Eigenschaften dann nur noch vom Verhältnis der Molekularfeldkonstanten untereinander abhängen, bietet die Schreibweise

$$W_{12} = W_{21} = -W \quad \text{mit} \quad W > 0 \quad \text{sowie} \quad W_{11} = \alpha W \quad \text{und} \quad W_{22} = \beta W \qquad (4.23)$$

den Vorteil, alle interessierenden Größen als Funktion von $\alpha$ und $\beta$ diskutieren zu können. Bei hohen Temperaturen läßt sich $\mathrm{B}_J$ entsprechend (3.10) entwickeln, und man erhält folgendes Gleichungssystem für die Untergittermagnetisierungen:

$$\begin{aligned} M_1 &= \frac{C_1}{T} (\mu_0 H + \alpha W M_1 - W M_2), \\ M_2 &= \frac{C_2}{T} (\mu_0 H - W M_1 + \beta W M_2). \end{aligned} \qquad (4.24)$$

Die Auflösung dieses Gleichungssystems führt zur Gesamtmagnetisierung

$$M = M_1 + M_2 = \frac{(C_1 + C_2)\,T - C_1 C_2 W(2 + \alpha + \beta)}{T^2 - W(\alpha C_1 + \beta C_2)\,T + C_1 C_2 W^2(\alpha\beta - 1)}\,\mu_0 H \tag{4.25}$$

bzw. zur reziproken Suszeptibilität

$$\frac{1}{\chi} = \frac{\mu_0 H}{M_1 + M_2} = \frac{T}{C_1 + C_2} + \frac{1}{\chi_0} - \frac{\sigma}{T - \vartheta}, \tag{4.26}$$

wobei $\frac{1}{\chi_0}$, $\sigma$ und $\vartheta$ Konstanten sind, die sich durch Vergleich von (4.25) und (4.26) berechnen lassen. Wie Abb. 4.9 zeigt, stellt $\frac{1}{\chi}\,(T)$ keine Gerade dar, wie im Falle des Ferro- und Antiferromagnetismus, sondern eine Hyperbel mit der Asymptote

$$\frac{1}{\chi_a} = \frac{T}{C_1 + C_2} + \frac{1}{\chi_0} \tag{4.27}$$

und dem Schnittpunkt mit der $T$-Achse — der Curie-Temperatur —

$$T_C = \frac{W}{2}\left[\alpha C_1 + \beta C_2 + \sqrt{(\alpha C_1 - \beta C_2)^2 + 4 C_1 C_2}\right]. \tag{4.28}$$

Interessant ist allerdings nur eine positive Curie-Temperatur. Für $T_C = 0$ findet man aus (4.28) die Grenzlinie $\alpha\beta = 1$. In einer

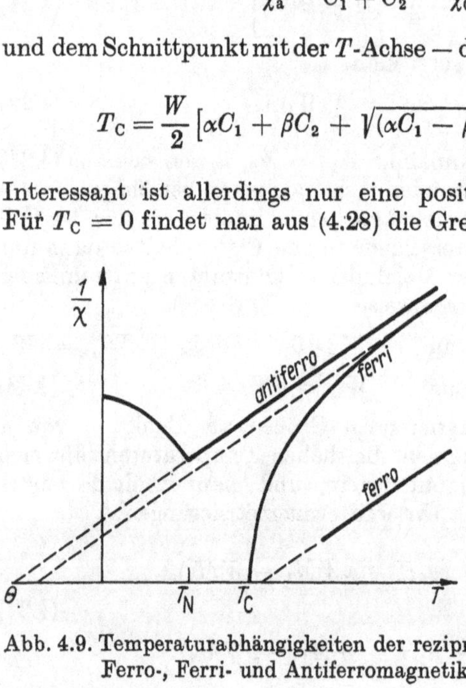


Abb. 4.9. Temperaturabhängigkeiten der reziproken Suszeptibilitäten von Ferro-, Ferri- und Antiferromagnetika

$\alpha$-$\beta$-Ebene kann man, wie Abb. 4.10 zeigt, die Grenze des ferrimagnetischen Gebietes eintragen. Ein Sonderfall tritt ein, wenn $\sigma$ Null ist; dann erfüllt $\frac{1}{\chi}$ wieder das CURIE-WEISSsche Gesetz (4.7). Dieser Fall liegt vor, wenn

$$C_1(1 + \alpha) = C_2(1 + \beta) \tag{4.29}$$

gilt. In der $\alpha$-$\beta$-Ebene stellt diese Beziehung eine Gerade dar.

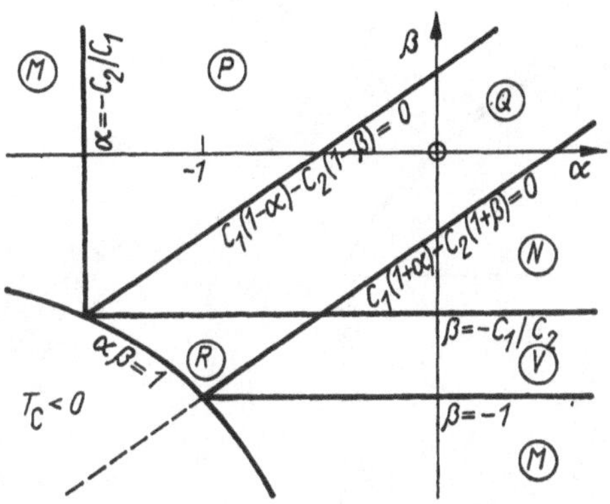


Abb. 4.10. Einteilung der $\alpha$-$\beta$-Ebene in Gebiete unterschiedlicher Arten von $M(T)$-Abhängigkeiten in Ferrimagnetika nach L. NÉEL mit $W > 0$ und $C_1/C_2 = 2/3$

(4.29) beinhaltet auch, daß in unmittelbarer Nähe von $T_C$ die Magnetisierungen $M_1$ und $M_2$ betragsmäßig gleich sind.

Unterhalb von $T_C$ weist jedes Untergitter eine spontane Magnetisierung entsprechend (4.21) auf. Die resultierende oder pauschale Magnetisierung ist gegeben durch

$$\boldsymbol{M} = \boldsymbol{M}_1 + \boldsymbol{M}_2 \quad \text{oder} \quad M = |M_1 - M_2|. \tag{4.30}$$

Mit Hilfe von (4.21) und (4.30) kann das $M(T)$-Verhalten für verschiedene $\alpha$- und $\beta$-Werte, allerdings nur numerisch, berechnet werden. Das Ergebnis zeigt Abb. 4.11, wobei auf die in der $\alpha$-$\beta$-Ebene (Abb. 4.10) bezeichneten Gebiete Bezug genommen wird.

Eine kurze qualitative Betrachtung soll die Kurvenformen der Abb. 4.11 plausibler machen: Bei paralleler Ausrichtung aller Momente in den beiden Untergittern sei $M_{2,0} > M_{1,0}$, ferner soll $\alpha$ positiv sein. Ist nun $\beta$ negativ und betragsmäßig sehr viel

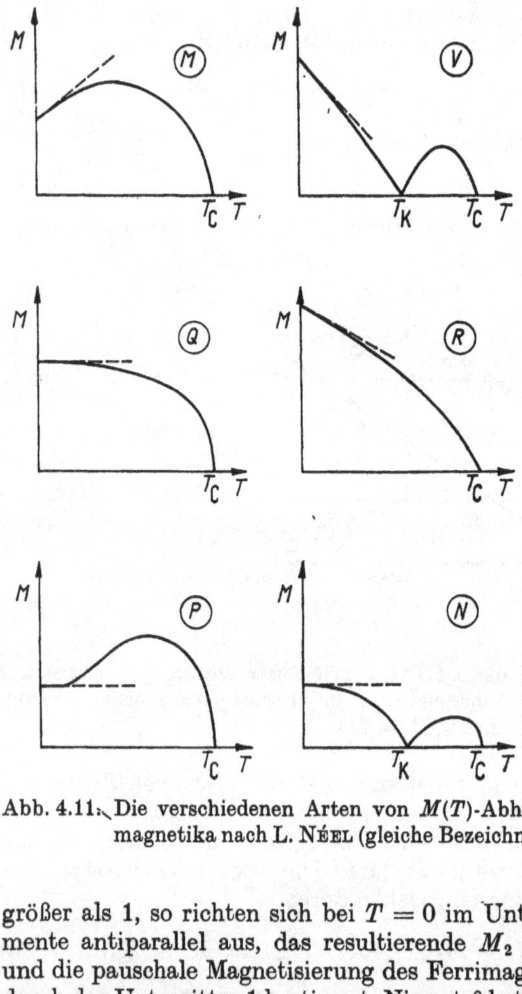


Abb. 4.11. Die verschiedenen Arten von $M(T)$-Abhängigkeiten in Ferrimagnetika nach L. Néel (gleiche Bezeichnung wie in Abb. 4.10)

größer als 1, so richten sich bei $T = 0$ im Untergitter 2 alle Momente antiparallel aus, das resultierende $M_2$ verschwindet also, und die pauschale Magnetisierung des Ferrimagnetikums wird nur durch das Untergitter 1 bestimmt. Nimmt $\beta$ betragsmäßig ab, wird die antiparallele Ausrichtung der Momente des Untergitters 2 unvollständig; es ergibt sich zunächst ein kleines resultierendes $M_2$, wodurch gemäß (4.30) die pauschale Magnetisierung $M$ des Ferrimagnetikums abnimmt. Das geht so weit, bis die Magnetisierungen beider Untergitter gleich sind, sich also bei $T = 0$ kompensieren (Grenzlinie $\beta = -1$ in Abb. 4.10). $\beta$ kann dann betragsmäßig noch so weit abnehmen, bis auch im Untergitter 2 alle Momente parallel ausgerichtet sind. Erreicht wird dieser Zustand an der Grenzlinie $\beta = -C_1/C_2$. Besonders interessant, weil typisch für ein Ferrimagnetikum, ist das Gebiet zwischen den Grenzlinien der Gleichung (4.29) und $\beta = -1$. Hier wandert nämlich der Zustand $M_1 = M_2$, d. h. $M = 0$, von $T = 0$ nach $T = T_C$. Es gibt also in diesem Gebiet eine Kompensationstemperatur $T_K$, bei der $M$ erheblich unterhalb $T_C$ verschwindet.

Ebenso wie beim Antiferromagnetismus ist auch beim Ferrimagnetismus das Zweiuntergittermodell nicht mehr anwendbar, wenn die Wechselwirkung innerhalb eines der beiden oder beider Untergitter stärker negativ ist als zwischen den beiden Untergittern. Dann muß eine weitergehende Unterteilung erfolgen, und es können, wie Yafet und Kittel (1952) gezeigt haben, neben den sog. kollinearen Anordnungen der Untergittermagnetisierungen (d. h. parallel oder antiparallel) auch nicht-kollinare, d. h. gewinkelte, Anordnungen auftreten.

Die bedeutendste Gruppe der Ferrimagnetika sind die Ferrite mit Spinellstruktur. Das sind Verbindungen vom Typ $Me^{2+}Fe_2^{3+}O_4$, wobei $Me^{2+}$ ein zweiwertiges Ion der ersten Übergangsreihe wie $Mn^{2+}$, $Fe^{2+}$, $Co^{2+}$, $Ni^{2+}$, $Cu^{2+}$, aber auch $Mg^{2+}$ sein kann. Es ist auch möglich, $Fe^{3+}$ durch andere dreiwertige Ionen wie $Cr^{3+}$, $Mn^{3+}$, $Co^{3+}$ zu ersetzen, wodurch man dann zu sog. Chromiten, Manganiten, Kobaltiten kommt. Alle diese Verbindungen sind untereinander mischbar, so daß sich eine riesige Vielfalt von Zusammensetzungen ergibt, die natürlich auch eine sehr große Variationsbreite in den, hier vor allem interessierenden, magnetischen Eigenschaften ermöglichen. Die beiden magnetischen Untergitter sind identisch mit den $a$- oder Tetraederlagen und den $c$- oder Oktaederlagen der Spinellstruktur (Raumgruppe $O_h^7 = Fd3m$). Da sich die zweiwertigen Kationen sowohl auf den Tetraederlagen (normale Spinelle) als auch auf den Oktaederlagen (inverse Spinelle) befinden können, muß für einen quantitativen Vergleich zwischen Theorie und Experiment die Kationenverteilung z. B. durch Röntgen- oder Neutronenstrukturanalyse bekannt sein. Sie wird häufig durch besondere Klammern wie ( ) für $a$-Lagen und [ ] für $c$-Lagen in der Formel zum Ausdruck gebracht, also z. B. $(Me^{2+})\ [Fe_2^{3+}]\ O_4$ für den normalen und $(Fe^{3+})\ [Me^{2+}Fe^{3+}]\ O_4$ für den inversen Ferrit. Tab. 4.3 enthält für einige ausgewählte Spinelle wichtige magnetische Daten. Dabei muß betont werden, daß die Schwankungen in den experimentell bestimmten magnetischen Momenten sowohl durch die Herstellung (Reinheit, Temperaturbehandlung) als auch durch Unsicherheiten in Messung und Extrapolation begründet sein

Tabelle 4.3
Magnetische Eigenschaften einiger Ferrite

| Zusammensetzung | $\theta$/K | $T_C$/K | $n_B(1)$ | $n_B(2)$ | $n_{B(\text{theor.})}$ | $n_{B(\text{exp.})}$ |
|---|---|---|---|---|---|---|
| $(Mn^{2+}_{0,8}Fe^{3+}_{0,2}) \cdot [Mn^{2+}_{0,2}Fe^{3+}_{1,8}]\, O_4{}^{2-}$ | | 573 | 5 | 10 | 5 | 4,40–5,0 |
| $(Fe^{3+})[Fe^{2+}Fe^{3+}]\, O_4{}^{2-}$ | 869 | 847 | 5 | 9 | 4 | 4,03–4,2 |
| $(Fe^{3+})[Co^{2+}Fe^{3+}]\, O_4{}^{2-}$ | 812 | 769 | 5 | 8 | 3 | 3,3–3,94 |
| $(Fe^{3+})[Ni^{2+}Fe^{3+}]\, O_4{}^{2-}$ | 896 | 870 | 5 | 7 | 2 | 2,22–2,40 |
| $(Cu_x{}^{2+}Fe^{3+}_{1-x})[Cu^{2+}_{1-x} \cdot Fe^{3+}_{1+x}]\, O_4{}^{2-}$ | $x$-abhängig | | $5-4x$ | $6+4x$ | $1+8x$ | 1,3–2,56 |
| $(Mg_x{}^{2+}Fe^{3+}_{1-x})[Mg^{2+}_{1-x} \cdot Fe^{3+}_{1+x}]O_4{}^{2-}$ | $x$-abhängig | | $5-5x$ | $5+5x$ | $10x$ | 0,86–2,15 |
| $(Zn^{2+})[Fe_2{}^{3+}]\, O_4{}^{2-}$ | 0 | 15($T_N$!) | 0 | 0 | 0 | 0 |
| $)Fe^{3+})[Li^{+}_{0,5}Fe^{3+}_{1,5}]\, O_4^{2-}$ | | 943 | 5 | 7,5 | 2,5 | 2,5–2,6 |

können. Große Änderungen können im Cu- und Mg-Ferrit durch unterschiedliche Platzbesetzungen erreicht werden. Mit Ausnahme des Zinkferrits, der in die nicht-ferrimagnetische Region des Diagramms der Abb. 4.10 gehört, besitzen alle in der Tabelle genannten Ferrite $M(T)$-Kurven des Typs $Q$ nach Néel. $M(T)$-Kurven des Typs $N$, also solche mit einen Kompensationspunkt $T_K$ wurden z. B. in den Systemen $Li_{0,5}Fe_{2,5-a}Cr_aO_4$ und $NiFe_{2-a}V_aO_4$ beobachtet, $M(T)$-Kurven des Typs $P$ z. B. im System $Ni_{1+2a}Fe_{2-3a} \cdot Sb_aO_4$. Ergänzt man diese experimentellen Ergebnisse noch durch das auch experimentell bestätigte hyperbolische $\frac{1}{\chi}$-$T$-Gesetz (s. Abb. 4.9), so kann man von einer ausgezeichneten Bestätigung des Néelschen Modells durch die Praxis sprechen.

Auch das magnetische Verhalten der Ferrite mit Granatstruktur der pauschalen Zusammensetzung $SE_3^{3+}Fe_5^{3+}O_{12}$ ($SE^{3+}$ dreiwertiges Ion der seltenen Erdmetalle) läßt sich mit dem Néelschen Modell beschreiben, wenn man drei magnetische Untergitter, die auch wieder den drei unterschiedlichen kristallografischen Lagen entsprechen, zugrundelegt. $M(T)$-Kurven einiger dieser Verbindungen zeigt die Abb. 4.12; fast alle gehören zum $N$-Typ, besitzen also einen Kompensationspunkt.

Faßt man die Aussagen dieses Kapitels zusammen, so ergibt sich, daß die Molekularfeldtheorie zwar die Herkunft des Molekularfeldes nicht erklären, jedoch die verschiedenen magnetischen Ordnungszustände und das Temperaturverhalten von Suszeptibilitäten und Magnetisierungen über einen weiten Temperatur-

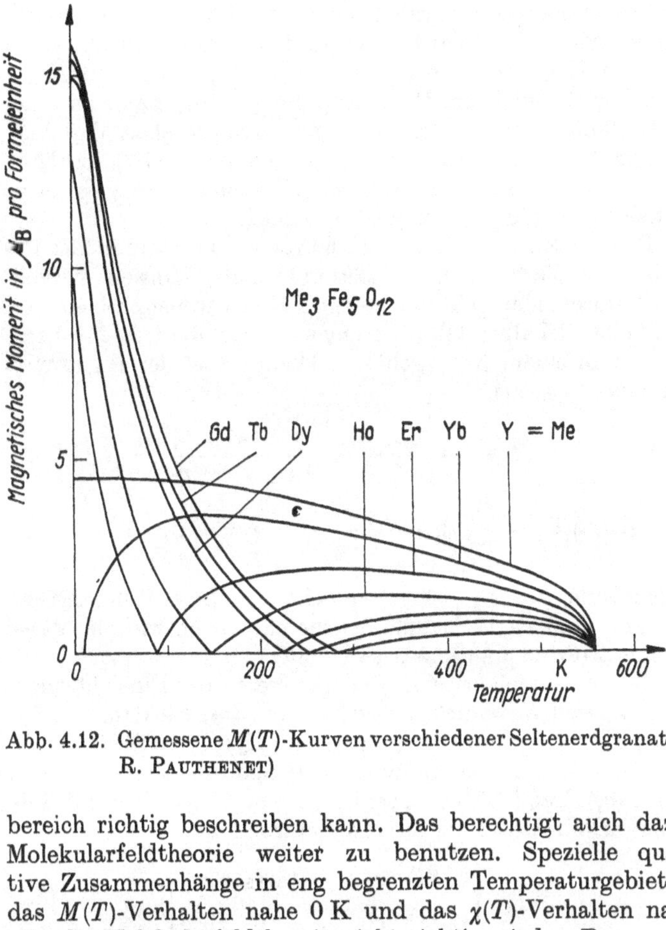


Abb. 4.12. Gemessene $M(T)$-Kurven verschiedener Seltenerdgranate (nach R. PAUTHENET)

bereich richtig beschreiben kann. Das berechtigt auch dazu, die Molekularfeldtheorie weiter zu benutzen. Spezielle quantitative Zusammenhänge in eng begrenzten Temperaturgebieten wie das $M(T)$-Verhalten nahe 0 K und das $\chi(T)$-Verhalten nahe $T_C$ gibt die Molekularfeldtheorie nicht richtig wieder. Dazu muß die Beschreibung des spontan magnetisierten Zustandes noch verbessert werden.

## 5. Die Austauschwechselwirkung

Nachdem die Theorie des Molekularfeldes behandelt wurde, soll nun eine Erklärung dieses inneren Feldes gegeben werden, des Feldes, das in einem Ferromagneten die Kopplung der magnetischen

Momente und damit die Parallelstellung bewirkt. Diese Kopplung könnte im Prinzip wie folgt erklärt werden. Jedes Moment schafft um sich ein Feld, das man in guter Näherung als Dipolfeld betrachten kann. Die Dipol-Dipol-Kopplung würde dann zu einer Parallelstellung führen. Abschätzungen ergeben aber, daß man damit nur CURIE-Temperaturen von wenigen Kelvin erklären kann. Man muß daher nach anderen Ursachen für die spontane Magnetisierung eines Ferromagneten suchen.

Von HEISENBERG (1928) und FRENKEL (1928) stammt die folgende Theorie, die von DIRAC (1929) in formaler Hinsicht vervollkommnet wurde. Man geht von einem Zweielektronenproblem aus. Der Einfachheit halber soll aber angenommen werden, daß beide Elektronen zu einem Kern gehören. Dann lautet der HAMILTON-Operator des Systems

$$\hat{H} = \hat{H}_0(\boldsymbol{r}_1) + \hat{H}_0(\boldsymbol{r}_2) + \frac{e^2}{4\pi\varepsilon_0 \, |\boldsymbol{r}_1 - \boldsymbol{r}_2|};$$

$$\hat{H}_0(\boldsymbol{r}_i) = -\frac{\hbar^2}{2m}\Delta_i - \frac{e^2}{4\pi\varepsilon_0 r_i} \qquad i = 1, 2. \tag{5.1}$$

Die allgemeine Lösung der entsprechenden SCHRÖDINGER-Gleichung kann man nach SLATER-Determinanten entwickeln, dabei ist das PAULI-Prinzip automatisch erfüllt.

Es sollen nur die niedrigsten Energieniveaus des Einelektronenproblems $E_a$ und $E_b$ berücksichtigt werden. Das Elektron 1 möge sich mit positiver Spinrichtung im Niveau $E_a$ mit der Wellenfunktion $\psi_a(\boldsymbol{r}_1)$ befinden, die entsprechende Spinfunktion bezeichnet man mit $\alpha(\sigma_1)$. Das Elektron 2 sei im Niveau $E_b$ ebenfalls mit Spin nach oben. Dann lautet die SLATER-Determinante

$$\psi_1 = \frac{1}{\sqrt{2}} \begin{vmatrix} \psi_a(\boldsymbol{r}_1)\,\alpha(\sigma_1) & \psi_a(\boldsymbol{r}_2)\,\alpha(\sigma_2) \\ \psi_b(\boldsymbol{r}_1)\,\alpha(\sigma_1) & \psi_b(\boldsymbol{r}_2)\,\alpha(\sigma_2) \end{vmatrix}. \tag{5.2}$$

Wenn ein Elektron den Spin nach unten und damit die Spinfunktion $\beta(\sigma)$ hat, dann erhält man

$$\psi_2 = \frac{1}{\sqrt{2}} \begin{vmatrix} \psi_a(\boldsymbol{r}_1)\,\beta(\sigma_1) & \psi_a(\boldsymbol{r}_2)\,\beta(\sigma_2) \\ \psi_b(\boldsymbol{r}_1)\,\alpha(\sigma_1) & \psi_b(\boldsymbol{r}_2)\,\alpha(\sigma_2) \end{vmatrix}. \tag{5.3}$$

Weitere zwei Funktionen $\psi_3$ und $\psi_4$ bekommt man, wenn man in (5.2) $\beta(\sigma)$ statt $\alpha(\sigma)$ setzt, wenn also beide Spins nach unten zeigen und wenn man in (5.3) $\alpha$ und $\beta$ vertauscht.

Diese vier Funktionen bilden im gewissen Sinne ein vollständiges orthonormales System, man kann also mit ihnen die Matrixelemente des Operators $\hat{H}$ nach (5.1) berechnen. Dann erhält man

$$\hat{H}_{il} = \begin{pmatrix} E_a+E_b+C_{ab}-J_{ab} & 0 & 0 & 0 \\ 0 & E_a+E_b+C_{ab} & -J_{ab} & 0 \\ 0 & -J_{ab} & E_a+E_b+C_{ab} & 0 \\ 0 & 0 & 0 & E_a+E_b+C_{ab}-J_{ab} \end{pmatrix} \tag{5.4}$$

mit den Abkürzungen für das COULOMB-Integral

$$C_{ab} = \int\int \mathrm{d}^3r_1\, \mathrm{d}^3r_2\, |\psi_a(\boldsymbol{r}_1)|^2 \frac{e^2}{4\pi\varepsilon_0\, |\boldsymbol{r}_1 - \boldsymbol{r}_2|} |\psi_b(\boldsymbol{r}_2)|^2 \tag{5.5}$$

und für das Austauschintegral

$$J_{ab} = \int\int \mathrm{d}^3r_1\, \mathrm{d}^3r_2 \psi_a^*(\boldsymbol{r}_1)\, \psi_b^*(\boldsymbol{r}_2) \frac{e^2}{4\pi\varepsilon_0\, |\boldsymbol{r}_1 - \boldsymbol{r}_2|} \psi_a(\boldsymbol{r}_2)\, \psi_b(\boldsymbol{r}_1). \tag{5.6}$$

Die Eigenfunktionen und -werte der Matrix (5.4) sind leicht zu berechnen. Man bekommt ein Singulett mit der Energie

$$E_s = E_a + E_b + C_{ab} + J_{ab} \tag{5.7}$$

und ein Triplett mit der Energie

$$E_t = E_a + E_b + C_{ab} - J_{ab}. \tag{5.8}$$

DIRAC bemerkte, daß man die Eigenwerte (5.7)—(5.8) erhalten kann, wenn man nur mit den Produkten der Spinfunktionen $\alpha$ und $\beta$ als Basisfunktionen arbeitet und einen effektiven Austauschoperator einführt, der nur aus Spinoperationen aufgebaut ist. Um seine Form zu bestimmen, geht man von der Tatsache aus, daß man jede beliebige $(2\times 2)$-Matrix entwickeln kann nach dem vollständigen System der PAULI-Matrizen

$$\hat{\sigma}_x = \begin{pmatrix} 0 & 1 \\ 1 & 0 \end{pmatrix}, \qquad \hat{\sigma}_y = \begin{pmatrix} 0 & -i \\ i & 0 \end{pmatrix}, \qquad \hat{\sigma}_z = \begin{pmatrix} 1 & 0 \\ 0 & -1 \end{pmatrix} \tag{5.9}$$

und der Einheitsmatrix. Dementsprechend kann man jede (4×4)-Matrix nach den direkten Produkten dieser Matrizen, etwa

$$\hat{\sigma}_{1x} \otimes \hat{\sigma}_{2x} = \begin{pmatrix} 0 & 0 & 0 & 1 \\ 0 & 0 & 1 & 0 \\ 0 & 1 & 0 & 0 \\ 1 & 0 & 0 & 0 \end{pmatrix}, \tag{5.10}$$

entwickeln. Dabei ist die Matrix besonders interessant, die drei gleiche Eigenwerte hat. Das ist z. B.

$$\hat{\sigma}_1 \otimes \hat{\sigma}_2 = \hat{\sigma}_{1x} \otimes \hat{\sigma}_{2x} + \hat{\sigma}_{1y} \otimes \hat{\sigma}_{2y} + \hat{\sigma}_{1z} \otimes \hat{\sigma}_{2z} = \begin{pmatrix} 1 & 0 & 0 & 0 \\ 0 & -1 & 2 & 0 \\ 0 & 2 & -1 & 0 \\ 0 & 0 & 0 & 1 \end{pmatrix}$$

$$= \hat{\sigma}_1 \cdot \hat{\sigma}_2 \tag{5.11}$$

mit den Eigenwerten $-1$, $-1$, $-1$ und $+3$. Wählt man als effektiven Austauschoperator

$$\hat{H} = \frac{1}{4} (E_s + 3E_t) - \frac{1}{4} (E_s - E_t)\, \hat{\sigma}_1 \cdot \hat{\sigma}_2 = \text{const} - J\hat{\sigma}_1\hat{\sigma}_2, \tag{5.12}$$

dann erhält man exakt dieselben Eigenwerte wie in den Gleichungen (5.7)—(5.8). Dabei ist $J$ ein phänomenologischer Parameter, gegeben durch

$$J = \frac{1}{4} (E_s - E_t) \tag{5.13}$$

unabhängig von der obigen Definition, der als $J_{ab}$ verwendet wird. Ist $J > 0$, dann ist das Triplett das niedrigste Niveau. Man schreibt für das Produkt $\hat{\sigma}_1 \cdot \hat{\sigma}_2$ mit

$$\hat{\sigma}_1 + \hat{\sigma}_2 = \mathbf{S}, \quad \hat{\sigma}_1^2 = \frac{1}{2}\left(\frac{1}{2} + 1\right) = \frac{3}{4} \tag{5.14}$$

$$\hat{\sigma}_1 \cdot \hat{\sigma}_2 = \frac{1}{2} (\hat{\sigma}_1 + \hat{\sigma}_2)^2 - \frac{1}{2} (\hat{\sigma}_1^2 + \hat{\sigma}_2^2) = \frac{1}{2} S(S + 1) - \frac{3}{4}. \tag{5.15}$$

Das ergibt

$$\hat{\sigma}_1 \cdot \hat{\sigma}_2 = \begin{cases} -3/4 & \text{bei } S = 0, \text{ d. h. } \sigma_1, \sigma_2 \text{ antiparallel}, \\ +1/4 & \text{bei } S = 1, \text{ d. h. } \sigma_1, \sigma_2 \text{ parallel}. \end{cases}$$

An diesem Ausdruck sieht man explizit, daß dem tieferen Niveau, dem Triplett, die Parallelstellung der Spins $\sigma_1$ und $\sigma_2$ entspricht. Bei $J > 0$ bekommt man also eine ferromagnetische Kopplung der beiden Elektronenspins. Umgekehrt entspricht $J < 0$ einer antiferromagnetischen Kopplung.

Mit diesem Vorgehen hat man also die Austauschwechselwirkung, die an und für sich ein auf die COULOMB-Wechselwirkung zurückgehender Effekt ist, durch eine Spin-Spin-Wechselwirkung ausgedrückt. Wenn man sich auf die oben beschriebene einfache Betrachtung beschränkt, kann man auf dieser Grundlage die Theorie der magnetischen Phänomene völlig vom Ortsraum in den Spinraum transformieren und dort im einzelnen behandeln.

Dazu muß man aber erst das obige einfache Atommodell mit zwei Elektronen auf ein Modell von zwei Atomen mit je einem Elektron, dann auf einen Festkörper mit $N$ Atomen verallgemeinern. Dabei treten die Überlappungsintegrale

$$S_{ab} = \int \psi_a^*(\boldsymbol{r})\, \psi_b(\boldsymbol{r})\, \mathrm{d}^3 r \tag{5.16}$$

auf. Berechnet man dann die Energiedifferenz zwischen Singulett und Triplett, so erhält man

$$E_\mathrm{s} - E_\mathrm{t} = (S_{ab}^2 C_{ab} - J_{ab})/(1 - S_{ab}^4). \tag{5.17}$$

Diese Differenz kann man in Analogie zu (5.13) wieder als Definition des Austauschintegrals im effektiven Operator interpretieren. Hier spielt die Überlappung eine große Rolle, insbesondere bei der Frage nach dem Vorzeichen von $J$. Explizite Berechnungen aller Integrale sind relativ kompliziert. Es soll lediglich betont werden, daß man das Austauschproblem bei zwei Elektronen an zwei Kernen auch nach dem DIRACschen Rezept im Spinraum behandeln kann.

Im zweiten Schritt geht man zu dem $N$-Elektronenproblem des Festkörpers über. Auf dieser Stufe verallgemeinert man im Spinraum gleich in der Weise, daß man auch Spins $S > 1/2$ pro Atom zuläßt. Damit kommt man zum sog. HEISENBERG-Modell, das durch den HAMILTON-Operator

$$\hat{H}_\mathrm{ex} = -\frac{1}{2} \sum_{j \neq l} J(\boldsymbol{r}_{jl})\, \hat{\boldsymbol{S}}_j \hat{\boldsymbol{S}}_l \tag{5.18}$$

charakterisiert wird. Es beschreibt also folgende Situation: an jedem Gitterpunkt des Festkörpers sitzt ein Spin $\boldsymbol{S}_j$, die einzelnen Spins sind paarweise durch einen Austauschmechanismus mit dem Integral $J \lessgtr 0$ gekoppelt. Man spricht in diesem Zusammenhang vom direkten Austausch. Der konstante Summand in (5.12) ist weggelassen, da er z. B. bei der Berechnung der Energiewerte des Operators (5.18) nur eine unwesentliche konstante Verschiebung ergibt. (Weitere Einzelheiten bezüglich des Austauschmechanismus findet man z. B. in den im Literaturverzeichnis zitierten Büchern von MATTIS, WHITE, RADO-SUHL und KRUPIČKA-ŠTERNBERK.)

Das Austauschintegral $J$ in (5.18) hängt vom Abstand der beiden Spins $\boldsymbol{r}_{jl}$ ab. Die genaue Abhängigkeit kann man nicht angeben, Versuche zur Berechnung sind fehlgeschlagen, sie gaben z. B. sogar falsche Vorzeichen, was auch an der Einfachheit des Modells liegen kann. Man macht daher mehr oder weniger plausible Annahmen über die Abhängigkeit des Austauschintegrals von $\boldsymbol{r}_{jl}$. Da die Überlappung offensichtlich eine große Rolle spielt, nimmt man an, daß $J$ für nächste Nachbarn meistens groß ist und für die weiteren Nachbarn stark abfällt.

Der HEISENBERGsche Austauschoperator (5.18) sollte nach seiner ganzen Ableitung und nach manchen Annahmen, die explizit nicht erwähnt wurden, besonders gut für nichtmetallische Magnetika gelten. Bei den Metallen sind die Elektronen beweglich, dieser Umstand ist im direkten Austausch in der vorliegenden Fassung nicht berücksichtigt. Auf die Erklärung des Magnetismus in Metallen wird später eingegangen werden. Bei den Nichtmetallen stellt man aber fast immer wieder fest, daß zwischen zwei magnetischen Ionen ein oder mehrere diamagnetische Ionen liegen, z. B. liegt in MnO zwischen zwei $Mn^{2+}$-Ionen ein $O^{2-}$-Ion. Danach kann also der Antiferromagnetismus des MnO durch den direkten Austausch nicht erklärt werden.

Von KRAMERS (1934) stammt folgende Erklärung des Austauschmechanismus in Oxiden und anderen nichtmetallischen Verbindungen. Die Wellenfunktion des Kations überlagert sich mit der Wellenfunktion des Sauerstoffions. Dadurch kann eins der $p$-Elektronen des $O^{2-}$ in das $Mn^{2+}$-Ion überwechseln. Dann kann aber das ungepaarte $p$-Elektron, welches im $O^{-}$ verbleibt, in einen direkten Austausch mit dem zweiten $Mn^{2+}$-Ion eintreten. Es handelt sich bei der quantenmechanischen Beschreibung dieses Prozesses um die Beschreibung eines Dreizentrenproblems mit vier Elektronen, wobei angeregte Zwischenzustände zu berücksichtigen sind. Insgesamt kommt es also über die angeregten Zustände zu einem Austausch, der die Bezeichnung Superaustausch oder indirekter Austausch bekommen hat. Das ist in Abb. 5.1 schematisch dargestellt. Die von ANDERSON (1950) stammende mathematische Behandlung ist relativ kompliziert, sie führt aber auf einen zu (5.18) analogen Ausdruck mit negativem Austauschintegral, so daß man den Antiferromagnetismus vieler Oxide und ähnlicher Verbindungen wie der Fluoride $MF_2$ (M-Metallione) verstehen kann.

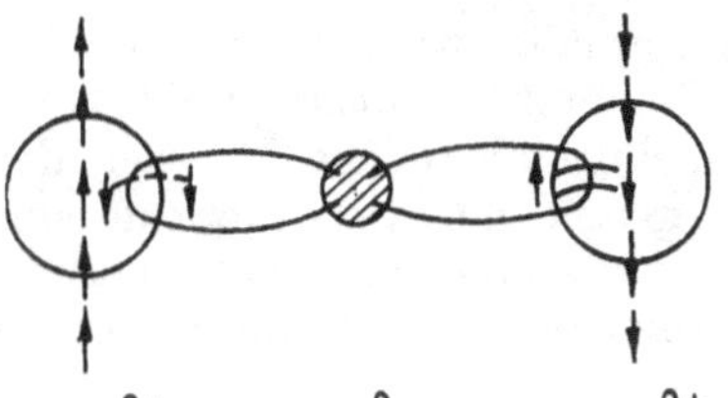


Abb. 5.1. Schematische Darstellung des Superaustausches nach H. A. KRAMERS (Übergang eines $p$-Elektrons des $O^{2-}$ in das linke $Mn^{2+}$, Austauschwechselwirkung mit dem rechten $Mn^{2+}$, durch ꞈ angedeutet)

Vollkommen andere Verhältnisse trifft man bei den Metallen der seltenen Erden an. Das magnetische Verhalten wird von den nur teilweise besetzten $4f$-Elektronenschalen bestimmt. Sie sind, wie schon erwähnt, durch die äußeren $6s$-, $5s$-, $5p$- und $5d$-Elektronen gut abgeschirmt, so daß der direkte Austausch auch nicht der entscheidende Mechanismus sein kann. Eine indirekte Kopplung benachbarter Atome bzw. ihrer Spins kann aber über die Leitungselektronen stattfinden. Die Spins der $4f$-Elektronen polarisieren die $s$-Elektronen, sie richten ihre Spins aus. Die polarisierten Elektronen wandern durch den Kristall, kommen also auch zu benachbarten Atomen. Dort treten sie wieder mit den $4f$-Elektronen in direkte Wechselwirkung und verursachen damit eine Kopplung zwischen den $4f$-Elektronen benachbarter Atome. Man spricht in diesem Falle vom indirekten $s$-$f$-Austausch. Dieser Mechanismus wurde zuerst von RUDERMAN und KITTEL (1954) bei der Kopplung der Kernspins mit den Leitungselektronen behandelt. Später wurde er von KASUYA (1956) und YOSIDA (1957) bei der Untersuchung magnetischer Eigenschaften von Metallen und Legierungen angewendet, so daß man inzwischen auch von der RKKY-Wechselwirkung (nach den Initialen der Autoren) spricht. Die mathematische Behandlung des pauschal geschilderten Prozesses ist wieder zu kompliziert, um sie ausreichend darstellen zu können. Man erhält aber wieder eine effektive Austauschwechselwirkung der Form (5.18). Hier ist es möglich, die Abhängigkeit des Austauschintegrals vom Abstand $r_{ab}$ anzugeben, man erhält

$$J(r_{ab}) \sim [2k_F r_{ab} \cos(2k_F r_{ab}) - \sin(2k_F r_{ab})]/(2k_F r_{ab})^4 \quad (5.19)$$

($k_F$ FERMI-Wellenzahl der $s$-Elektronen). $J(r_{ab})$ oszilliert also stark als Funktion des Abstandes, man erhält sowohl ferro- als auch antiferromagnetische Kopplung. Dadurch entstehen recht komplizierte magnetische Strukturen, die man in den Metallen der seltenen Erden experimentell auch gefunden hat. Man spricht dann von Schrauben- oder helikoidalen Strukturen, die nicht immer in das einfache Schema Ferro-, Antiferro- oder Ferrimagnetismus passen.

Man erhält also in vielen, physikalisch sehr unterschiedlichen Fällen einen Austauschoperator der Form (5.18), so daß man behaupten darf, daß er ziemlich allgemein die Grundlage zur Beschreibung vieler magnetischer Phänomene bildet. Vom Standpunkt der Symmetriebetrachtungen kann man auch so argumentieren, daß der HAMILTON-Operator ein Skalar sein muß. Der einfachste Skalar, der mit zwei Spinvektoren gebildet werden kann, ist das skalare Produkt $\boldsymbol{S}_1\boldsymbol{S}_2$. Danach kann man vermuten, daß man auch noch andere skalare Größen bilden kann, die insbesondere der speziellen Struktur des betrachteten Kristalls entsprechen. Sie werden auch in der Theorie des Magnetismus benutzt, vor allem, wenn es darum geht, die Anisotropie verschiedener magnetischer Größen zu erklären. Man kann z. B. von dem skalaren Austauschintegral zu einem zweistufigen Tensor $J_{jl}$ übergehen, der mit den beiden Spinvektoren $\boldsymbol{S}_l$ und $\boldsymbol{S}_j$ zu einer skalaren Größe verknüpft werden kann. Dann spricht man von einem anisotropen Austausch. Auf weitere Einzelheiten kann hier nicht eingegangen werden.

Es bleibt noch, ausgehend von dem als gesicherte Grundlage angenommenen Austauschoperator, die Molekularfeldtheorie zu begründen. Dazu fügt man zum HAMILTON-Operator (5.18) die Energie der einzelnen Spins in einem äußeren Magnetfeld $\boldsymbol{H}$, die ZEEMAN-Energie, hinzu und erhält

$$\hat{H} = -g\mu_B \boldsymbol{H} \sum_{j=1}^{N} \hat{\boldsymbol{S}}_j - \frac{1}{2} \sum_{j \neq l} J(\boldsymbol{r}_{jl})\, \hat{\boldsymbol{S}}_l \hat{\boldsymbol{S}}_j. \quad (5.20)$$

Die strenge Lösung der entsprechenden SCHRÖDINGER-Gleichung für $N$ Spins ist natürlich unmöglich. Die einfachste Näherung besteht darin, daß man in dem Skalarprodukt $\hat{\boldsymbol{S}}_j\hat{\boldsymbol{S}}_l$ einen Vektoroperator durch seinen Erwartungswert $\langle\hat{\boldsymbol{S}}_j\rangle$ ersetzt und dadurch das $N$-Spinproblem auf das eines einzelnen Spins reduziert:

$$\sum_{j \neq l} J(\boldsymbol{r}_{jl})\, \hat{\boldsymbol{S}}_j\hat{\boldsymbol{S}}_l \to \sum_{l=1}^{N} J(\boldsymbol{r}_{jl})\, \langle\hat{\boldsymbol{S}}_l\rangle \sum_{j=1}^{N} \hat{\boldsymbol{S}}_j = g\mu_{\mathrm{B}}\boldsymbol{H}_{\mathrm{i}} \sum_{j=1}^{N} \hat{\boldsymbol{S}}_j. \tag{5.21}$$

Die Größe

$$\boldsymbol{H}_{\mathrm{i}} = \frac{1}{g\mu_{\mathrm{B}}} \sum_{l=1}^{N} J(\boldsymbol{r}_{jl})\, \langle\hat{\boldsymbol{S}}_l\rangle \tag{5.22}$$

faßt man als effektives inneres Magnetfeld auf. Die Abhängigkeit der Summe vom Index $j$ stört nicht, da alle Gitterpunkte wegen der angenommenen Homogenität des Festkörpers gleichberechtigt sind. Man kann sie auch dadurch beseitigen, daß man nur über die $z$ nächsten Nachbarn irgendeines Spins summiert. Das entsprechende Austauschintegral sei $J_{nn}$, alle anderen Integrale werden gleich Null gesetzt. Dann erhält man für die Summe in (5.22) den Ausdruck $zJ_{nn}\langle\hat{\boldsymbol{S}}\rangle$. $\langle\hat{\boldsymbol{S}}\rangle$ ist aber proportional zur Magnetisierung $\boldsymbol{M}$, so daß man auf den Ausdruck

$$\boldsymbol{H}_{\mathrm{i}} = W\boldsymbol{M} \tag{5.23}$$

kommt, der im Kap. 4 benutzt wurde. Die Molekularfeldkonstante $W$ ist also proportional zum Austauschintegral $J$. Damit ist gezeigt, wie man die Molekularfeldtheorie begründen kann. Dadurch wird auch verständlich, warum sie im allgemeinen so gute Ergebnisse bieten kann.

# 6. Spinwellen

## 6.1. *Spinwellen in einem Ferromagnetikum*

Nachdem die Austauschwechselwirkung behandelt wurde, können als eine direkte Folgerung aus ihr die Spinwellen betrachtet werden. Das sind elementare Anregungen eines Spinsystems, die energetisch niedrig liegen, sich also an die Grundzustandsenergie nach oben anschließen und vor allem bei relativ tiefen Temperaturen physikalisch interessant sind. Am einfachsten sind sie für den ferromagnetischen Fall zu behandeln, mit dem begonnen werden soll. Dazu muß man sich zuerst Kenntnis über den Grundzustand verschaffen. Beim Ferromagneten ist das recht einfach. Bei tiefen Temperaturen $T \to 0$ K nimmt die Magnetisierung ihren Maximalwert $M_0 = Ng\mu_B S$ an. Das bedeutet, daß alle magnetischen Momente bzw. Spins parallel ausgerichtet sind, es besteht also vollkommene Ordnung. Die Richtung der Magnetisierung bei $T = 0$ K sei die $z$-Achse, in der auch ein äußeres Magnetfeld angelegt sein soll.

Man geht also vom HAMILTON-Operator (5.20) aus und will die auf den Grundzustand folgenden angeregten Niveaus ausrechnen und ihre Auswirkungen diskutieren. Das soll ganz im quantentheoretischen Rahmen geschehen, obwohl es auch klassische Betrachtungen gibt, die aber die quantentheoretische Natur des Magnetismus verschleiern. Dazu benötigt man die Vertauschungsregeln für die Spinoperatoren $\hat{S}_x$, $\hat{S}_y$ und $\hat{S}_z$ für beliebige $S$ (nicht unbedingt $S = 1/2$). Sie sind aus der Quantenmechanik bekannt und lauten

$$[\hat{S}_j^x, \hat{S}_l^y] = i\hat{S}_j^z\delta_{jl}, \; [\hat{S}_j^z \hat{S}_l^x] = i\hat{S}_j^y\delta_{jl}, \; [\hat{S}_j^y, \hat{S}_l^z] = i\hat{S}_j^x\delta_{jl}. \tag{6.1}$$

Es empfiehlt sich, die neuen Operatoren

$$\hat{S}_j^\pm = \hat{S}_j^x \pm i\hat{S}_j^y \tag{6.2}$$

einzuführen. Für sie gelten die Vertauschungsregeln

$$[\hat{S}_j^+, \hat{S}_l^-] = 2\hat{S}_j^z\delta_{jl}, \; [\hat{S}_j^\pm, \hat{S}_l^z] = \mp \hat{S}_j^z\delta_{jl}. \tag{6.3}$$

Analog zur Behandlung der Phononen oder anderer Quasiteilchen muß man irgendwann wegen der Gitterperiodizität zur FOURIER-Transformation übergehen nach der Vorschrift

$$\hat{S}_l^\pm = \sum_{\boldsymbol{k}} \hat{S}_{\boldsymbol{k}}^\pm \, \mathrm{e}^{\mp i\boldsymbol{k}\boldsymbol{r}_l}, \; \hat{S}_l^z = \sum_{\boldsymbol{k}} \hat{S}_{\boldsymbol{k}}^z \, \mathrm{e}^{-i\boldsymbol{k}\boldsymbol{r}_l}, \tag{6.4}$$

summiert wird über das ganze reziproke Gitter. Auch das Austauschintegral wird transformiert:

$$J(\boldsymbol{r}_{jl}) = \frac{1}{N} \sum_{\boldsymbol{k}} J(\boldsymbol{k}) \, \mathrm{e}^{i\boldsymbol{k}(\boldsymbol{r}_j - \boldsymbol{r}_l)}. \tag{6.5}$$

Die Austauschintegrale hängen nur vom Abstand ab und verschwinden für $\boldsymbol{r}_j = \boldsymbol{r}_l$, daher gilt

$$J(\boldsymbol{k}) = J(-\boldsymbol{k}), \; \sum_{\boldsymbol{k}} J(\boldsymbol{k}) = 0. \tag{6.6}$$

Die Vertauschungsregeln für die transformierten Spinoperatoren lauten, wie man leicht nachrechnen kann,

$$[\hat{S}_k^+, \hat{S}_{k'}] = \frac{2}{N} \hat{S}^z_{k-k'}, [\hat{S}_k^z, \hat{S}_k^\pm] = \pm \frac{1}{N} \hat{S}^\pm_{k'-k}, \quad (6.7)$$

und der HAMILTON-Operator (5.20) nimmt die Form

$$\hat{H} = -Ng\mu_B H\hat{S}_0^z - \frac{1}{2} N \sum_k J(k) \left[\hat{S}_k^z \hat{S}^z_{-k} + \frac{1}{2} \left(\hat{S}_k^+ \hat{S}_k^- + \hat{S}_k^- \hat{S}_k^+\right)\right] \quad (6.8)$$

an.

Der Grundzustand soll mit $|0\rangle$ bezeichnet werden. Wendet man auf ihn den Operator $\hat{S}_l^z$ an, so folgt laut Definition

$$\hat{S}_l^z |0\rangle = S |0\rangle .$$

Für $\hat{S}_k^z$ erhält man mit der Umkehrung der Transformation (6.4)

$$\hat{S}_k^z |0\rangle = \frac{1}{N} \sum_l \hat{S}_l^z e^{ikr_l} |0\rangle = \frac{1}{N} \sum_l e^{ikr_l} S |0\rangle = \delta_{k,0} S |0\rangle \quad (6.9)$$

unter Benutzung des KRONECKER-Symbols

$$\delta_{k,k'} = \frac{1}{N} \sum_l e^{i(k-k')r_l} .$$

$\hat{S}^+$ und $\hat{S}^-$ sind nach ihrer Definition Operatoren, die von einem Eigenzustand $|S\rangle$ des Operators $\hat{S}^z$ zu den Zuständen $|S + 1\rangle$ bzw. $|S - 1\rangle$ führen. Wendet man $S^+$ auf $|0\rangle$ an, so kann man nur 0 erhalten, da in $|0\rangle$ schon die maximale Ausrichtung der Spins enthalten ist, alle Spins haben schon ihre maximale $S_z$-Komponente. Damit folgt auch

$$\hat{S}_k^+ |0\rangle = 0 . \quad (6.10)$$

Nun bleibt noch, die Wirkung von $\hat{S}_k^-$ auf $|0\rangle$ zu berechnen. Dazu benutzt man die Vertauschungsregeln (6.7) und findet

$$\hat{S}_k^+ \hat{S}_k^- |0\rangle = \hat{S}_k^- \hat{S}_k^+ |0\rangle + \frac{2}{N} \hat{S}_0^z |0\rangle = \frac{2}{N} S |0\rangle \approx 0 . \quad (6.11)$$

Da $N$ sehr groß ist, sind Glieder proportional zu $1/N$ vernachlässigt.

Man wendet nun den Operator (6.8) auf den Grundzustand an, das ergibt

$$\hat{H}\,|0\rangle = E_0\,|0\rangle = \left(-Ng\mu_B H - \frac{1}{2}\,NS^2J(0)\right)|0\rangle\,. \quad (6.12)$$

Damit hat man die Grundzustandsenergie erhalten.

Der Operator $\hat{S}_l^-$ verringert die Spinkomponente $S_z$ am Ort $\boldsymbol{r}_l$ um eine Einheit. Man kann sich das bildlich so vorstellen, daß die Spins um die Richtung des äußeren Feldes präzedieren und daß durch die Wirkung von $\hat{S}^-$ der Öffnungswinkel des Präzessionskegels vergrößert wird. In einem idealen Kristall wird diese Störung nicht lokalisiert bleiben, sondern sich über den Kristall ausbreiten. Nach seiner Definition beschreibt der Operator $\hat{S}_{\boldsymbol{k}}^-$, angewendet auf den Grundzustand $|0\rangle$, gerade solch eine wellenförmige Ausbreitung. Man nennt sie Spinwelle, sie ist in Abb. 6.1 schematisch dargestellt. $\hat{S}_{\boldsymbol{k}}^-$ ist also der Erzeugungsoperator für eine Spinwelle.

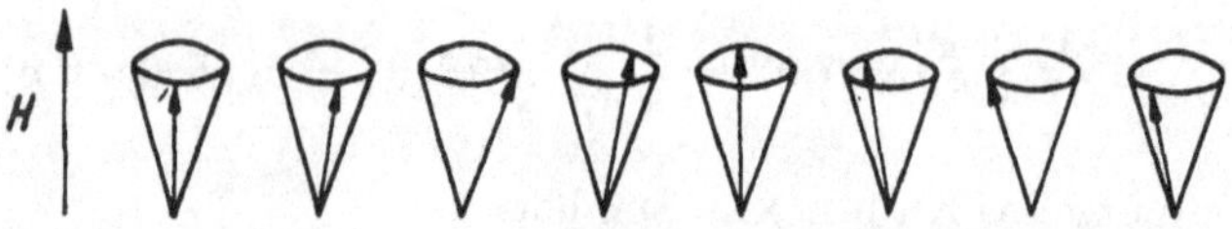


Abb. 6.1. Ausschnitt aus einer Spinwelle in einer linearen Kette von Spins, dargestellt sind die Präzessionskegel mit der entsprechenden Phasenlage der Spins

Um die Energie einer einzelnen Spinwelle zu berechnen, wendet man $\hat{S}_{\boldsymbol{k}}^-$ auf den Grundzustand und anschließend den Hamilton-Operator auf diesen Spinwellenzustand an und prüft nach, ob er ein Eigenzustand von $\hat{H}$ ist und wie groß der Eigenwert der Energie ist. Da man die Wirkung von $\hat{H}$ auf $|0\rangle$ schon kennt (s. (6.12)), bietet sich der folgende Trick an:

$$\hat{H}\hat{S}_{\boldsymbol{k}}^-\,|0\rangle = \hat{S}_{\boldsymbol{k}}^-\hat{H}\,|0\rangle + [\hat{H}, \hat{S}_{\boldsymbol{k}}^-]\,|0\rangle\,. \quad (6.13)$$

Das führt auf die Berechnung des Kommutators $[\hat{H}, \hat{S}_{\boldsymbol{k}}^-]$, wozu man die Vertauschungsregeln (6.7) benötigt. Das Ergebnis ist sehr kompliziert. Nur dann wird es einfach und dann ist $\hat{S}_{\boldsymbol{k}}^-|0\rangle$ ein Eigenzustand von $\hat{H}$, wenn man den Kommutator $[\hat{S}_{\boldsymbol{k}}^-, \hat{S}_{\boldsymbol{k}}^z]$

gleich Null setzt, wenn man also beide Operatoren vertauschen kann. Dann erhält man

$$[\hat{H}, \hat{S}_k^-] = g\mu_B H \hat{S}_k^- + \sum_{k'} [J(k') - J(k - k')] \hat{S}_{k'}^- \hat{S}_{k-k'}^z \quad (6.14)$$

und damit

$$\hat{H}\hat{S}_k^- |0\rangle = (E_0 + \varepsilon_k) \hat{S}_k^- |0\rangle \quad (6.15)$$

mit der Spinwellenenergie

$$\varepsilon_k = g\mu_B H + S[J(0) - J(k)]. \quad (6.16)$$

Zur Berechnung der Anregungsenergie waren entscheidende Näherungen notwendig. Das hängt mit den Vertauschungsregeln (6.7) für die Spinoperatoren zusammen. Es sind eben keine reinen Bose-Vertauschungsregeln, weil auf der rechten Seite noch Operatoren stehen. Dadurch ergeben sich beträchtliche Schwierigkeiten, auf die nicht eingegangen werden kann.

Die den Spinwellen zugeordneten Quasiteilchen werden als Magnonen bezeichnet, wie bei den anderen Quasiteilchen ist die Dispersionsbeziehung von besonderem Interesse. Dazu braucht man die Umkehrung der Definition (6.5) für $J(\boldsymbol{k})$, also

$$J(\boldsymbol{k}) = \sum_{i=1}^{N} J(\boldsymbol{r}_i)\, \mathrm{e}^{-i\boldsymbol{k}\boldsymbol{r}_i}. \quad (6.17)$$

Man beschränkt sich auf die Summation über die nächsten Nachbarn. Bei einem einfach kubischen Gitter handelt es sich um sechs nächste Nachbarn an den Gitterpunkten $(\pm a, 0, 0)$, $(0, \pm a, 0)$ und $(0, 0, \pm a)$, wobei $a$ die Gitterkonstante ist. Dann erhält man aus (6.17) mit $J$ als Austauschintegral zwischen nächsten Nachbarn

$$\begin{aligned} J(0) &= \sum_i J(\boldsymbol{r}_i) = 6J, \\ J(\boldsymbol{k}) &= 2J(\cos k_x a + \cos k_y a + \cos k_z a), \end{aligned} \quad (6.18)$$

so daß man für kleine Wellenzahlen $\boldsymbol{k}$ im Zentrum der Brillouin-Zone

$$\varepsilon_k = g\mu_B H + 2SJa^2k^2 \quad (6.19)$$

erhält, also ein quadratisches Dispersionsgesetz. Bei den anderen kubischen Gittern ist es analog. Man hat durch Neutronenstreuexperimente dieses Dispersionsgesetz der Magnonen bei vielen Stoffen gut bestätigt, ein Beispiel ist in Abb. 6.2 angegeben.

Im folgenden geht es um weitere, experimentell nachprüfbare Konsequenzen der Magnonen. Durch das Erniedrigen der $z$-Komponenten der Spins bei Anregung einer Spinwelle wird die Magnetisierung um $g\mu_B$ abnehmen. Sind bei höheren Temperaturen mehrere Spinwellen angeregt, wird die Magnetisierung als Funk-

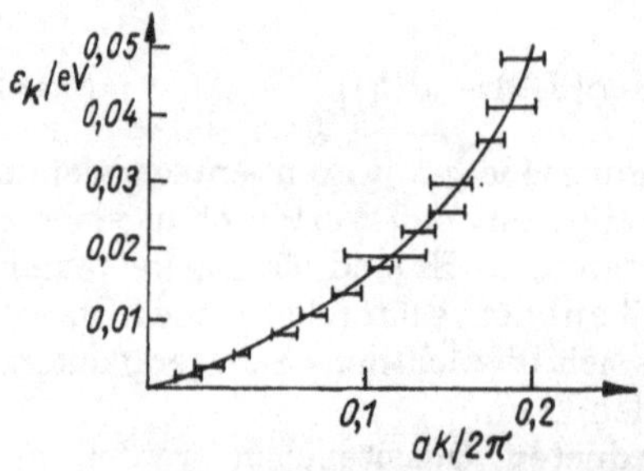


Abb. 6.2. Dispersionsgesetz von Magnonen in einer Co-Legierung mit 8% Fe, aufgenommen mit Hilfe der inelastischen Neutronenstreuung, die waagerechten Striche geben die Meßgenauigkeit an (nach R. Sinclair und B. Brockhouse (1960))

tion von $T$ noch mehr abnehmen. Um diesen Effekt zu berechnen, muß man die Zahl der Spinwellen kennen. In der hier behandelten Näherung sind die Bose-Vertauschungsregeln maßgebend, man kann daher die Magnonen als Bosonen behandeln. Ihre Anzahl ist durch die Bose-Einstein-Verteilungsfunktion

$$n_k = [\exp(\varepsilon_k/kT) - 1]^{-1} \tag{6.20}$$

gegeben. Damit folgt, wenn jedes Magnon die Magnetisierung um $g\mu_B$ erniedrigt, für die Temperaturabhängigkeit der Magnetisierung

$$M(T) = M_0 - \sum_k g\mu_B n_k, \tag{6.21}$$

zu summieren ist über die erste Brillouin-Zone. Wie üblich geht man von der Summation zur Integration über $k$ über und benutzt für $\varepsilon_k$ den Näherungsausdruck (6.19). Das ergibt für

$H = 0$ (kein äußeres Feld)

$$M(T) = M_0 - g\mu_B \frac{V}{(2\pi)^2} \int \frac{d^3k}{\exp(2JSa^2\boldsymbol{k}^2/kT) - 1}. \quad (6.22)$$

Als nächsten Näherungsschritt dehnt man die Integrationsgrenzen bis Unendlich aus, da bei tiefen Temperaturen nur die energetisch niedrigsten Magnonen mit kleinen Wellenzahlen, also großen Wellenlängen, angeregt sein werden. Dann spielt aber die obere Integrationsgrenze keine wesentliche Rolle. Führt man die Winkelintegration aus, so folgt

$$M(T) = M_0 - g\mu_B \frac{V}{2\pi^2} \int_0^\infty \frac{\boldsymbol{k}^2\, dk}{\exp(2JSa^2\boldsymbol{k}^2/kT) - 1}. \quad (6.23)$$

Es soll noch darauf hingewiesen werden, daß bei dem ein- bzw. zweidimensionalen Fall im Zähler $k^0$ bzw. $k^1$ stehen würde. Bei kleinen $k$ ist der Nenner proportional zu $k^2$, so daß das Integral divergieren würde. Das ist ein Hinweis darauf, daß es im isotropen Heisenberg-Modell keinen Ferromagnetismus in Schichtgittern oder in kettenförmigen, quasieindimensionalen Gittern geben kann.

Das Integral in (6.23) kann elementar integriert werden. Der Nenner kann als geometrische Reihe dargestellt werden. Dann folgt

$$\int_0^\infty \frac{\boldsymbol{k}^2\, dk}{e^{A\boldsymbol{k}^2} - 1} = \sum_{n=1}^{\infty} \int_0^\infty \boldsymbol{k}^2 e^{-A\boldsymbol{k}^2 n^2}\, dk = \sum_{n=1}^{\infty} \frac{\sqrt{\pi}}{4} (nA)^{-3/2}$$

$$= \frac{\sqrt{\pi}}{4A^{3/2}} \zeta\left(\frac{3}{2}\right). \quad (6.24)$$

dabei ist $\zeta$ die Riemannsche $\zeta$-Funktion. Insgesamt folgt

$$M(T) = M_0 - g\mu_B \frac{V}{2\pi^2} \frac{\sqrt{\pi}}{4} \left(\frac{k}{2JSa^2}\right)^{3/2} T^{3/2} \zeta\left(\frac{3}{2}\right)$$

$$= M_0(1 - \text{const}\, T^{3/2}). \quad (6.25)$$

Damit hat man das bekannte $T^{3/2}$-Gesetz von Bloch (1930) erhalten. Es ist durch viele Messungen sehr gut bestätigt und gilt bei tiefen Temperaturen, manchmal bis etwa $T_C/3$ oder $T_C/2$

(s. Abb. 6.3). Geht man in (6.19) in der Entwicklung nach $k$ weiter und nimmt das $k^4$-Glied mit, so bekommt man einen Term proportional zu $T^{5/2}$ in (6.25). Man erhält also deutlich nicht die exponentielle Abnahme der Magnetisierung bei $T \to 0$ K, die die Molekularfeldtheorie liefert. Sie ist bei tiefen Temperaturen durch die eben behandelte Spinwellentheorie zu ersetzen. Es soll noch erwähnt werden, daß die oben bei der Ableitung der Magnonenener-

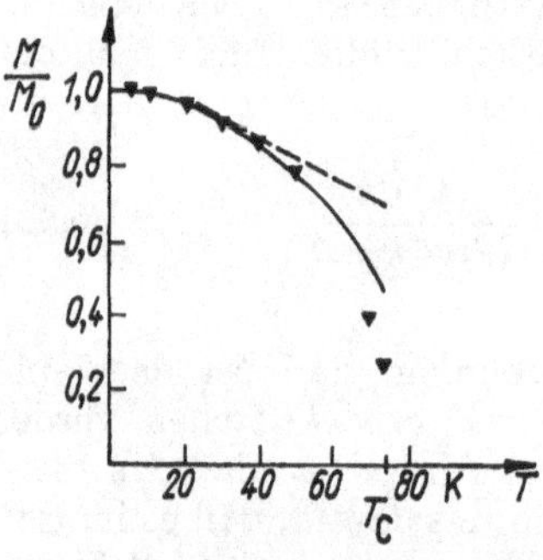


Abb. 6.3. Normierte Magnetisierung $M/M_0$ von EuO als Funktion der Temperatur $T$: Meßpunkte, durchgezogene Kurve berechnet nach der Spinwellentheorie unter Einbeziehung der Wechselwirkung der Magnonen, gestrichelte Kurve berechnet ohne Wechselwirkung der Spinwellen (nach G. G. Low (1963))

gie vernachlässigten Operatoren auf den rechten Seiten der Vertauschungsregeln Anlaß zur Wechselwirkung der Magnonen miteinander geben und daß diese Prozesse Korrekturglieder der Ordnung $T^4$ zur Magnetisierung geben, die man experimentell bisher nicht nachweisen konnte.

Rechnet man auf analoge Weise die mittlere Energie der Spinwellen gemäß

$$E = E_0 + \sum_k \varepsilon_k n_k \tag{6.26}$$

aus, so erhält man für die Wärmekapazität ebenfalls ein $T^{3/2}$-Gesetz, das experimentell bestätigt ist.

## 6.2. *Spinwellen in Antiferro- und Ferrimagnetika*

Nachdem die Spinwellen in einem Ferromagneten ausführlich auf quantentheoretischen Grundlagen behandelt wurden, werden nun die Spinwellen in Systemen mit mehreren magnetischen Untergittern eingeführt. Analog zu den Phononen in Kristallen mit mehreren Untergittern kann man erwarten, daß dabei neue Zweige im Anregungsspektrum auftreten.

Es existiert eine gut entwickelte Theorie solcher Spinwellen, die aber recht kompliziert ist. Daher wird eine stark vereinfachte, halbklassische Beschreibung gegeben. Es werden zunächst $N$ Spins einer „ferromagnetischen" linearen Kette mit der Gitterkonstante $a$ betrachtet, die nächsten Nachbarn innerhalb dieser Kette wechselwirken über den direkten Austauschmechanismus. Der $l$-te Spin wird von seinen Nachbarn $(l \pm 1)$ gemäß dem Glied $-J\boldsymbol{S}_l(\boldsymbol{S}_{l+1} + \boldsymbol{S}_{l-1})$ beeinflußt. Statt des Spins $\boldsymbol{S}_l$ kann das magnetische Moment $\boldsymbol{m}_l$ nach

$$\boldsymbol{m}_l = -g\mu_{\mathrm{B}}\boldsymbol{S}_l \tag{6.27}$$

eingeführt werden. Dann kann das eben erwähnte Wechselwirkungsglied als

$$-\boldsymbol{m}_l[(-J/g\mu_{\mathrm{B}})\,(\boldsymbol{S}_{l+1} + \boldsymbol{S}_{l-1})] = -\boldsymbol{m}_l\boldsymbol{H}_l \tag{6.28}$$

mit dem effektiven Feld $\boldsymbol{H}_l$, das auf das magnetische Moment $\boldsymbol{m}_l$ wirkt, geschrieben werden. Die zeitliche Ableitung des Drehimpulses $\hbar\boldsymbol{S}_l$ ist gleich dem auf den Spin wirkenden Drehmoment

$$\hbar\,\frac{\mathrm{d}\boldsymbol{S}_l}{\mathrm{d}t} = \boldsymbol{m}_l \times \boldsymbol{H}_l \tag{6.29}$$

bzw.

$$\frac{\mathrm{d}\boldsymbol{S}_l}{\mathrm{d}t} = \left(\frac{J}{\hbar}\right)(\boldsymbol{S}_l \times \boldsymbol{S}_{l+1} + \boldsymbol{S}_l \times \boldsymbol{S}_{l-1}). \tag{6.30}$$

Diese Bewegungsgleichungen werden komponentenweise aufgeschrieben, sie sind nichtlinear, da Produkte von Spinkomponenten auftreten. Einfache Lösungen erhält man nur in der linearisierten Näherung ($S^z \approx S$, $\mathrm{d}S_l^z/\mathrm{d}t \approx 0$):

$$\begin{aligned}
\frac{\mathrm{d}S_l^x}{\mathrm{d}t} &= \frac{JS}{\hbar}\,(2S_l^y - S_{l+1}^y - S_{l-1}^y),\\
\frac{\mathrm{d}S_l^y}{\mathrm{d}t} &= -\frac{JS}{\hbar}\,(2S_l^x - S_{l+1}^x - S_{l-1}^x),\\
\frac{\mathrm{d}S_l^z}{\mathrm{d}t} &= 0.
\end{aligned} \tag{6.31}$$

Betrachtet man in analoger Weise eine „antiferromagnetische“ lineare Kette mit alternierend antiparallelen Spins, also z. B. bei geraden $l$ soll der Spin nach oben zeigen, bei ungeraden $l$ nach unten, so bekommt man die Bewegungsgleichungen (unter Beachtung des Vorzeichens von $J$ bei der antiferromagnetischen Kopplung, $J < 0$)

$$\left.\begin{aligned} \frac{\mathrm{d}S_l^x}{\mathrm{d}t} &= \left(\frac{JS}{\hbar}\right)(-2S_l^y - S_{l+1}^y - S_{l-1}^y), \\ \frac{\mathrm{d}S_l^y}{\mathrm{d}t} &= -\left(\frac{JS}{\hbar}\right)(-2_l^x - S_{l+1}^x - S_{l-1}^x), \end{aligned}\right\} (l \text{ gerade})$$

$$\left.\begin{aligned} \frac{\mathrm{d}S_l^x}{\mathrm{d}t} &= \left(\frac{JS}{\hbar}\right)(2S_l^y + S_{l+1}^y + S_{l-1}^y), \\ \frac{\mathrm{d}S_l^y}{\mathrm{d}t} &= -\left(\frac{JS}{\hbar}\right)(2S_l^x + S_{l+1}^x + S_{l-1}^x). \end{aligned}\right\} (l \text{ ungerade}) \tag{6.32}$$

Mit dem Lösungsansatz

$$S_l^+ = S_l^x + iS_l^y = \begin{pmatrix} u \\ v \end{pmatrix} \mathrm{e}^{i(lak - \omega t)} \tag{6.33}$$

($k$ Wellenzahl) folgt

$$\omega u = \frac{|J|S}{\hbar}(2u + v\,\mathrm{e}^{-ika} + v\,\mathrm{e}^{ika}) = \omega_{\mathrm{ex}}(2u + v\,\mathrm{e}^{-ika} + v\,\mathrm{e}^{ika}),$$

$$-\omega v = \omega_{\mathrm{ex}}(2v + u\,\mathrm{e}^{-ika} + u\,\mathrm{e}^{ika}). \tag{6.34}$$

Die Lösbarkeitsbedingung für dieses homogene System ergibt

$$\omega = 2\omega_{\mathrm{ex}}\,|\sin ka|\,. \tag{6.35}$$

Führt man die Betrachtung genauer und in drei Dimensionen aus, stabilisiert dabei die Antiparallelstellung der Spins durch ein sog. Anisotropiefeld $\pm \boldsymbol{H}_{\mathrm{A}}$, das die Spins antiparallel fixiert (Näheres darüber im Kap. 8), so erhält man

$$\left.\begin{aligned} \varepsilon_k^2 &= (2JzS + g\mu_{\mathrm{B}}H_{\mathrm{A}})^2 - (2JzS)^2\,\gamma_k^2, \\ \gamma_k &= \frac{1}{z}\sum_\delta \mathrm{e}^{ik\delta} \end{aligned}\right\} \tag{6.36}$$

($z$ Zahl der nächsten Nachbarn mit dem Ortsvektor $\delta$).

Es treten hier also zwei entartete Spinwellenzweige auf. Die Entartung der beiden Zweige wird aufgehoben, wenn man ein äußeres Magnetfeld etwa in der Anisotropierichtung anlegt. Dann erhält man

$$\varepsilon_k = 2JzS \sqrt{\left(1 + \frac{g\mu_B H_A}{2JzS}\right)^2 - \gamma_k^2} \pm g\mu_B H. \qquad (6.37)$$

Wenn das Anisotropiefeld sehr klein ist, geht die Magnonenenergie nach (6.26) über in

$$\varepsilon_k = 2JzS\sqrt{1 - \gamma_k^2} \approx 2JSzk. \qquad (6.38)$$

Dann erhält man wie bei den akustischen Phononen ein lineares Dispersionsgesetz (s. auch (6.35)), das natürlich ein $T^3$-Gesetz für die Wärmekapazität ergibt. In diesem Punkt unterscheiden sich die Magnonen in ferro- und antiferromagnetischen Stoffen.

Experimentell sind diese Aussagen gut bestätigt, man findet sowohl ein lineares Dispersionsgesetz bei kleinen Wellenzahlen (s. Abb. 6.4) als auch mehrere Zweige von Spinwellen. Aus den Neutronenstreuexperimenten, mit denen solche Kurven erhalten werden, kann man das Austauschintegral bestimmen, etwa nach (6.38).

Schließlich soll noch kurz erwähnt werden, daß die Frage nach

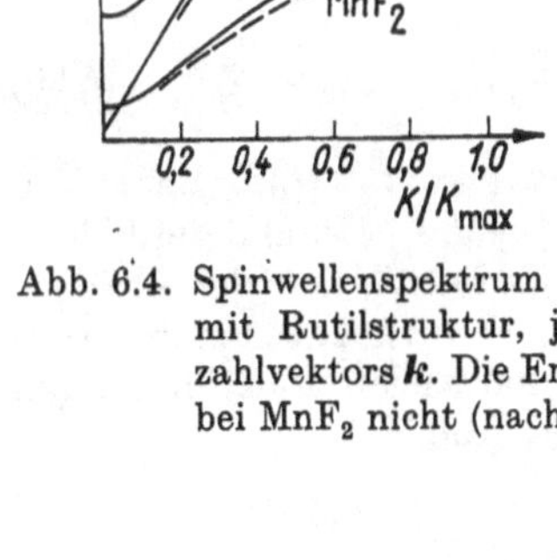


Abb. 6.4. Spinwellenspektrum der Antiferromagnetika $MnF_2$ und $NiF_2$ mit Rutilstruktur, jeweils für zwei Richtungen des Wellenzahlvektors $\boldsymbol{k}$. Die Entartung bei $\boldsymbol{k} = 0$ ist bei $NiF_2$ aufgehoben, bei $MnF_2$ nicht (nach N. N. Eremenko)

dem quantentheoretischen Grundzustand eines Antiferromagneten wesentlich komplizierter als nach dem eines Ferromagneten ist. Es zeigt sich, daß bei $T = 0$ K, wenn also keine Magnonen vorhanden sind, die beiden Untergittermagnetisierungen nicht ihren Maximalwert annehmen. Genauere Untersuchungen zeigten (ANDERSON, 1951), daß die Untergittermagnetisierungen nicht ihren maximalen Wert $NSzJ$, sondern nur etwa 90% davon erreichen und daß die Energie $E_g$ des Grundzustandes in den Grenzen zwischen $E_0 = -2NzJS^2$ und $E_0(1 + 1/zS)$ liegt. Die Frage nach dem Grundzustand eines Antiferromagneten ist von der Quantentheorie her noch nicht eindeutig beantwortet.

Zum Schluß dieses Abschnittes soll noch angegeben werden, daß die Spinwellentheorie für Ferrimagnetika analog entwickelt werden kann. Man erhält für einen Zweiuntergitter-Ferrimagneten

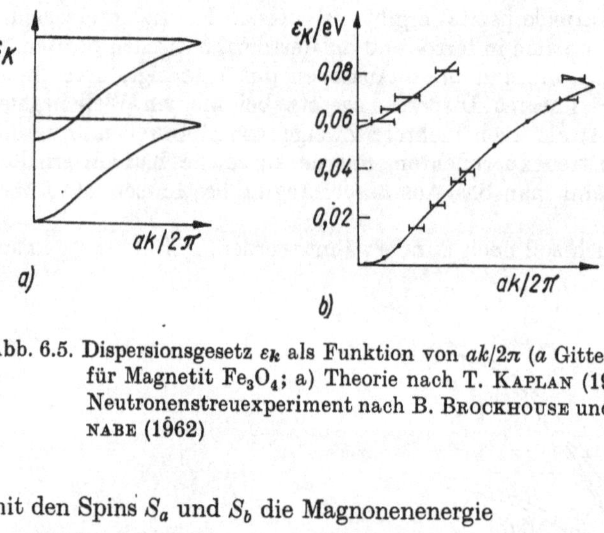


Abb. 6.5. Dispersionsgesetz $\varepsilon_k$ als Funktion von $ak/2\pi$ ($a$ Gitterkonstante) für Magnetit $Fe_3O_4$; a) Theorie nach T. KAPLAN (1958) und b) Neutronenstreuexperiment nach B. BROCKHOUSE und H. WATANABE (1962)

mit den Spins $S_a$ und $S_b$ die Magnonenenergie

$$\varepsilon_k = Jz\left(\sqrt{(S_a - S_b)^2 + 4S_aS_b(1 - \gamma_k^2)} \pm (S_a - S_b)\right). \quad (6.39)$$

Hier treten zwei Zweige auf, die nicht entartet sind. Bei $k = 0$ verschwindet die Energie des tieferen Zweiges, während der höhere Zweig eine von Null verschiedene Energie hat. Wegen der Analogie zu den Phononen spricht man auch hier vom akustischen und vom optischen Zweig. An Magnetit $Fe_3O_4$ und vielen anderen Stoffen hat man solche Zweige nachgewiesen (s. Abb. 6.5).

## 7. Grundzüge der Bändertheorie des Magnetismus

Bisher wurde das HEISENBERG-Modell relativ ausführlich behandelt und dabei erwähnt, daß man es auf nichtmetallische Magnetika und auf die Seltenerdmetalle (unter Berücksichtigung der entsprechenden Änderungen beim Austauschintegral) anwenden kann. Die Frage nach den Ursachen des Magnetismus bei den $3d$-Metallen, also bei den klassischen Ferromagneten Fe, Co und Ni, und ihren Legierungen wurde ausgeklammert. Bei diesen Stoffen treten Besonderheiten auf, die mit dem HEISENBERG-Modell schlecht zu erklären sind. So folgt aus Messungen der Sättigungsmagnetisierung, daß Fe, Co und Ni nichtganzzahlige effektive magnetische Momente pro Atom von $2{,}2\mu_B$, $1{,}7\mu_B$ und $0{,}6\mu_B$ haben. Schwierigkeiten gibt es auch bei der Erklärung der magnetischen Eigenschaften von Legierungen. Das hängt vor allem damit zusammen, daß ein großer Teil der für den Magnetismus verantwortlichen Elektronen nicht an den einzelnen Atomen lokalisiert ist, sondern durch den Kristall wandern kann.

Es gab daher viele Versuche, eine Bändertheorie des Magnetismus zu entwickeln. Hier wird zunächst die einfachste Form, die auf Arbeiten von STONER (1938–39) und WOHLFARTH (seit 1949) zurückgeht, skizziert. Sie beruht einerseits auf der Theorie des PAULIschen Paramagnetismus und erweitert andererseits diese Theorie durch die Anwendung des Molekularfeldgedankens. Man geht von dem Ausdruck für die freie Energie $F$ bzw. von der Zustandssumme eines Elektronengases

$$\Xi = \sum_i Z_i \ln\left[1 + \exp\left(-\frac{E_i - \mu}{kT}\right)\right] \rightarrow \int_0^\infty Z(E) \ln\left[1 + \exp\left(-\frac{E - \mu}{kT}\right)\right] \mathrm{d}E \quad (7.1)$$

($Z(E)$ Zustandsdichte, $\mu$ chemisches Potential) aus und nimmt an, daß es zwei Untersysteme von Elektronen gibt, eines für die Elektronen mit Spin nach oben, das andere für die mit Spin nach unten. Das äußere Magnetfeld $H$ ergänzt man durch ein inneres WEISSsches Feld

$$H_i = WM. \quad (7.2)$$

$W$ ist wie in (5.23) die Molekularfeldkonstante. Es soll noch ausdrücklich betont werden, daß (7.1) auch für Elektronensysteme mit Bandstruktur gilt, dann ist eben die Zustandsdichte $Z(E)$ entsprechend kompliziert.

Man führt hier sowohl die Sättigungsmagnetisierung $M_0$ als auch die relative Magnetisierung $\zeta = M/M_0$ sowie eine charakteristische Temperatur $\theta$ durch

$$g\mu_B H_i = g\mu_B W M_0 \zeta = k\theta\zeta \tag{7.3}$$

ein. Dann lautet die Zustandssumme für die beiden Elektronenuntersysteme

$$\Xi_\pm = \int_0^\infty Z(E) \ln \{1 + \exp [(-E + \mu_B H \pm k\theta\zeta)/kT]\} \, dE. \tag{7.4}$$

Die Aufspaltung kommt bei $H = 0$ durch das Molekularfeld $H_i$, dadurch wird ein entsprechendes Ungleichgewicht der Spins, eine Magnetisierung, formelmäßig erfaßt. Bei $H_i = 0$ gibt es gleich viele Elektronen mit Spins nach oben wie nach unten, jeweils $n/2$. Bei $T = 0$ K erhält man diese Zahl durch Integration über die Zustandsdichte $Z(E)$ von 0 bis zur FERMI-Energie $E_F$. Bei $H_i \neq 0$ gibt es zwei FERMI-Energien $E_F^+$ und $E_F^-$ für die beiden Elektronensysteme. Dann ist die Zahl der Spins gegeben durch

$$\begin{aligned} \frac{n}{2}(1 + \zeta) &= \int_0^{E_F^+} Z(\varepsilon) \, d\varepsilon, \\ \frac{n}{2}(1 - \zeta) &= \int_0^{E_F^-} Z(\varepsilon) \, d\varepsilon, \end{aligned} \tag{7.5}$$

und daraus folgt

$$\frac{1}{2} n\zeta = \int_{E_F}^{E_F^+} Z(\varepsilon) \, d\varepsilon = \int_{E_F^-}^{E_F} Z(\varepsilon) \, d\varepsilon. \tag{7.6}$$

Damit kann man $E_F^+$ und $E_F^-$ als Funktionen von $\zeta$ ausrechnen.

Der Einfachheit halber soll nur der Fall $T = 0$ K betrachtet werden, da es nur darauf ankommt, die Grundzüge der Theorie zu erläutern. Zunächst berechnet man den magnetischen Anteil der Gesamtenergie, d. h., man läßt das Integral

$$E_{\text{unmag}} = \int_0^{E_F} \varepsilon Z(\varepsilon)\,\mathrm{d}\varepsilon \tag{7.7}$$

weg. Außer den Beiträgen der Integrale von $E_F$ bis $E_F^+$ bzw. $E_F^-$ bis $E_F$ hat man noch die Energie des Molekularfeldes zu beachten. Die innere Energie eines Systems von $n$ magnetischen Momenten $m_l$ in einem Feld $H$ ist gegeben durch

$$E_{\text{mag}} = -\frac{1}{2}\sum_l m_l H = -\frac{1}{2} MH. \tag{7.8}$$

Wenn man das auf die Molekularfeldenergie der $n$ Spins überträgt, erhält man

$$E_{\text{MF}} = -\frac{n}{2} g\mu_B \zeta H_i = -\frac{n}{2} k\theta\zeta^2. \tag{7.9}$$

Damit lautet die „magnetische" Energie

$$E = \int_{E_F}^{E_F^+} \varepsilon Z(\varepsilon)\,\mathrm{d}\varepsilon - \int_{E_F^-}^{E_F} \varepsilon Z(\varepsilon)\,\mathrm{d}\varepsilon - \frac{1}{2} nk\theta\zeta^2. \tag{7.10}$$

Interessant ist der energetisch stabile Zustand des Systems. Daher sucht man das Minimum der Energie bezüglich des Parameters $\zeta$ auf und prüft nach, ob es einen stabilen Zustand mit $\zeta \neq 0$, also einen ferromagnetischen Zustand, bei $T = 0$ K gibt. Die erste Ableitung der Energie ergibt

$$\frac{1}{n}\frac{\mathrm{d}E}{\mathrm{d}\zeta} = \frac{1}{2}(E_F^+ - E_F^-) - k\theta\zeta \tag{7.11}$$

unter Benutzung von

$$\frac{\mathrm{d}E_F^\pm}{\mathrm{d}\zeta} = \pm\frac{n}{2}\frac{1}{Z(E_F^\pm)} \tag{7.12}$$

nach (7.6). Das Verschwinden der ersten Ableitung ergibt die notwendige Bedingung für die sogenannte Austauschaufspaltung

$$\Delta E = E_F^+ - E_F^- = 2k\theta\zeta. \tag{7.13}$$

Um zu entscheiden, ob ein Energieminimum angenommen wird, bildet man die zweite Ableitung

$$\frac{1}{n}\frac{d^2E}{d\zeta^2} = \frac{n}{4}\left[\frac{1}{Z(E_F^+)} - \frac{1}{Z(E_F^-)}\right] - k\theta. \tag{7.14}$$

Die Energie hat bei $\zeta = 0$, d. h. im paramagnetischen Fall, ein stabiles Minimum, wenn

$$k\theta < n/2Z(E_F) \tag{7.15}$$

ist, dann ist das Metall bei $T = 0$ K paramagnetisch. Ohne Beweis soll noch mitgeteilt werden, daß die Suszeptibilität dabei gegenüber der PAULIschen verändert ist:

$$\chi(T = 0) = \frac{\chi_{\text{Pauli}}(T = 0)}{1 - (k\theta(g^2\mu_B^2)\,\chi_{\text{Pauli}}(T = 0)}. \tag{7.16}$$

Man kann das ausrechnen, wenn man von der Zustandssumme ausgeht, daraus die freie Energie $F$ und durch Ableitung nach $H$ die Magnetisierung berechnet. $\chi(0)$ divergiert, wenn der Nenner verschwindet, das entspricht der Gleichheit der beiden Seiten der Ungleichung (7.15). Bei

$$k\theta \geqq n/2Z(E_F) \tag{7.17}$$

wird der Paramagnetismus instabil, und der Ferromagnetismus setzt ein mit der relativen Magnetisierung

$$\zeta_0 = (E_F^+ - E_F^-)/2k\theta \tag{7.18}$$

nach (7.13). Die Ungleichung (7.17) bezeichnet man als STONER-Kriterium. Als entscheidende Größe geht die Zustandsdichte bei $E = E_F$ ein. Ist $Z(E_F)$ relativ hoch, liegt die FERMI-Energie in der Nähe eines Maximums der Zustandsdichte, so genügt also schon ein relativ kleines Molekularfeld zur Entstehung des Ferromagnetismus bei $T = 0$ K.

Dieses STONERsche Modell ist natürlich viel zu einfach, um die Verhältnisse in den realen $3d$-Metallen zu erklären. Man hat inzwischen die Bandstruktur, also die Abhängigkeit der Elektronenenergie $E$ von dem Wellenzahlvektor $\boldsymbol{k}$, bei vielen Metallen berechnet, ein Beispiel ist in Abb. 7.1 dargestellt, es zeigt Ausschnitte aus der Bandstruktur von Nickel. Man sieht eine Aufspaltung der Bänder für die beiden unterschiedlichen Spinrichtungen (die soge-

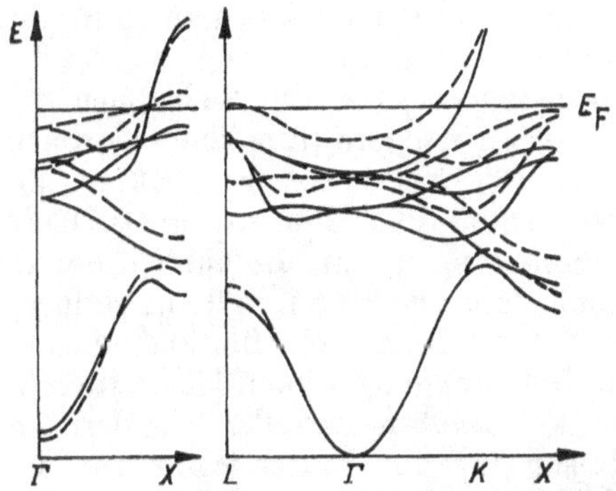


Abb. 7.1. Ausschnitt aus der Bandstruktur $E(\boldsymbol{k})$ von Nickel, durchgezogene Kurve Spinrichtung nach unten, gestrichtelte Kurve Spinrichtung nach oben. $E_F$ FERMI -Energie, $\Gamma$ Zentrum der BRILLOUIN-Zone, $X$, $L$ und $K$ besondere Punkte (nach J. W. D. CONOLLY (1967) bzw. E. I. KONDORSKI (1976))

nannte Austauschaufspaltung), bemerkt weiterhin bei tiefen Energien einen nahezu parabelförmigen Bandverlauf, der den fast freien $4s$-Elektronen entspricht. Bei höheren Energien sieht man mehrere schmale Bänder, die den $3d$-Elektronen entsprechen. Berechnet man aus den Bandstrukturen die Zustandsdichte, so erhält man die in Abb. 7.2 dargestellten Kurven. Man sieht, daß die FERMI-Energie in der Nähe von Maxima der Zustandsdichte liegt, wie es dem STONER-Modell entspricht. Diese Maxima entsprechen den schmalen $d$-Bändern. In der einen Spinrichtung sind die Bänder alle gefüllt ($E_F$ liegt oberhalb), in der anderen Spinrichtung aber nicht. Die Gesamtzahl der besetzten Zustände ergibt die korrekte Gesamtelektronenzahl 10 für ein Nickelatom, die

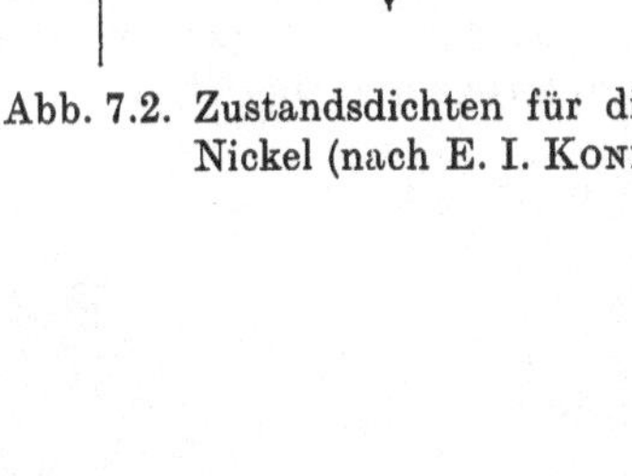


Abb. 7.2. Zustandsdichten für die beiden Spinrichtungen ↓ und ↑ für Nickel (nach E. I. KONDORSKI (1976))

Differenz beider Spinrichtungen ergibt 0,58, das stimmt recht gut mit dem experimentellen Wert 0,56 überein.

Implizit wurde bisher angenommen, daß alle Elektronen beweglich sind und durch den Kristall wandern (itinerant electrons). Dem widersprechen aber manche experimentellen Fakten. So zeigen Neutronenstreuexperimente, daß die „magnetischen" Elektronen eine räumliche Verteilung haben, die ähnlich der in freien Atomen ist. Man nimmt daher heute an, daß ein geringer Teil der *d*-Elektronen (etwa 5 % bei Fe, Co, Ni) frei, die anderen aber lokalisiert sind. Nach diesen Überlegungen kann der Austauschmechanismus zwischen den lokalisierten und den wandernden *d*-Elektronen entscheidend sein für das Zustandekommen des Ferromagnetismus in Fe, Co und Ni. Bei anderen Stoffen spielen die wandernden Elektronen die Hauptrolle (etwa bei Cr). Mit solchen Überlegungen kann man viele experimentelle Tatsachen erklären, es sind daher noch keineswegs alle Fragen gelöst.

Besonders nützlich und wertvoll ist die Bändertheorie bei der Diskussion der magnetischen Eigenschaften von Legierungen. Als einfaches Beispiel wird die Legierung von Cu in Ni betrachtet. Jedes Cu-Atom hat ein Elektron mehr als ein Nickelatom. Die Zustandsdichte ist in der Gesamtheit der *d*-Bänder etwa um den Faktor 10 größer als in dem *s*-Band. Das zusätzliche Elektron gelangt also mit 90 % Wahrscheinlichkeit in die *d*-Bänder und nur zu etwa 10 % in das *s*-Band. Bei 60 Atomprozent Cu werden den *d*-Bändern 0,54 Elektronen pro Atom zugeführt, damit werden aber alle Unterbänder (mit den zwei Spinrichtungen) gefüllt, und die Magnetisierung verschwindet. Das stimmt auch mit den Experimenten überein. Mit solchen Überlegungen hat man die bekannte SLATER-PAULING-Kurve berechnet (s. Abb. 7.3), die das mittlere magnetische Moment binärer ferromagnetischer Legierungen in Abhängigkeit von der Elektronenkonzentration angibt. Die Übereinstimmung mit dem Experiment ist recht gut.

Das HEISENBERG-Modell und die Bändertheorie des Magnetismus haben entgegengesetzte Ausgangspunkte, das erste beginnt mit Elektronenzuständen, die im Ortsraum lokalisiert sind, während die Bändertheorie mit Zuständen arbeitet, die im Impulsraum lokalisiert sind. In den letzten Jahren sind entscheidende Fortschritte in den Bemühungen erzielt worden, beide Grenzfälle in einer umfassenden Theorie des Magnetismus zu vereinen. Als Schlagwort für die entsprechenden Arbeiten seien genannt das HUBBARD-Modell, die Elektronenkorrelation und die Theorie der lokalen Spindichtefluktuationen.

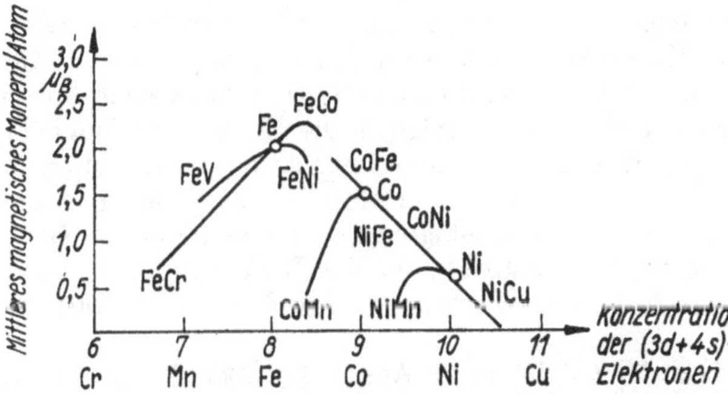


Abb. 7.3. Slater-Pauling-Kurve, die Abhängigkeit des mittleren atomaren magnetischen Moments von Legierungen von der Konzentration der ($3d$ + $4s$)-Elektronen (nach H. Wich (1979))

J. Hubbard schlug in den Jahren 1963—64 ein stark vereinfachtes Modell vor, um in den entsprechenden Grenzfällen sowohl die Bandbeschreibung als auch die Beschreibung mit lokalisierten Spins zu ermöglichen. Danach wird pro Ion nur ein einziges lokalisiertes Niveau betrachtet, in dem kein Elektron oder ein Elektron (mit einer der beiden Spinrichtungen) oder zwei Elektronen (wegen des Pauli-Prinzips mit antiparallelen Spins) sitzen können. Von der Elektron-Elektron-Wechselwirkung wird nur die Coulomb-Abstoßung der Konfiguration mit zwei Elektronen pro Ion berücksichtigt. Die Elektronen erhalten durch ein zweites Glied in dem entsprechenden Hamilton-Operator die Möglichkeit, von Ion zu Ion zu springen, das führt zur Bildung eines schmalen Bandes. In der Sprache der Erzeugungs- und Vernichtungsoperatoren $\hat{a}_{i\sigma}^+$ bzw. $\hat{a}_{i\sigma}$ für Elektronen am Ort $i$ mit dem Spin $\sigma$ lautet dann der Hamilton-Operator des sog. Hubbard-Modells

$$\hat{H} = \sum_{i,j,\sigma} \varepsilon_{ij} \hat{a}_{i\sigma}^+ \hat{a}_{j\sigma} + \frac{I}{2} \sum_{i,\sigma} \hat{n}_{i\sigma} \hat{n}_{i,-\sigma} . \qquad (7.19)$$

$\hat{n}_{i\sigma} = \hat{a}_{i\sigma}^+ \hat{a}_{i\sigma}$ ist der Teilchenzahloperator mit den Eigenwerten 0 oder 1. Bei verschwindendem zweiten Glied kommt man auf die übliche Bändertheorie. Wenn man nur das zweite Glied betrachten würde, das die sog. Elektronenkorrelation beinhaltet, dann würde die Bildung lokaler magnetischer Momente begünstigt, da bei positivem $I$ eine Kompensation durch Elektronen mit antiparallelen Spins energetisch ungünstig ist.

Obwohl das Modell so einfach aussieht, gibt es noch keine exakte Lösung. Von HUBBARD selbst wurden Näherungslösungen mit Hilfe des Formalismus der thermodynamischen GREENschen Funktionen gefunden. Damit war es möglich, die Energie, die Magnetisierung und weitere Größen zu berechnen sowie die Kriterien zu diskutieren, die einen ferro- oder antiferromagnetischen Zustand zulassen. Wegen weiterer Einzelheiten sei verwiesen auf den Band IV von RADO-SUHL "Magnetism", auf das Buch von KONDORSKI sowie das von ELK und GASSER, die im Literaturverzeichnis zitiert sind.

Das HUBBARD-Modell ist auch Ausgangspunkt für eine neue Theorie des Magnetismus, die mit dem Begriff „selbstkonsistente Renormierungstheorie der Spinfluktuationen" verknüpft ist. Sie liefert eine sinnvolle Vereinigung der Bändertheorie mit der Theorie der lokalisierten Momente und überdeckt den Zwischenbereich zwischen diesen Grenzfällen. Mit ihr können auch schwach ferromagnetische Metalle wie $ZrZn_2$ und $Sc_3In'$ beschrieben werden, die „fast" ferromagnetisch sind. Ein Überblick über diese Theorie, die mathematisch sehr anspruchsvoll ist und z. B. mit der funktionalen Integration arbeitet, und über den Vergleich mit experimentellen Daten ist von MORIYA 1979 gegeben worden. In eine ähnliche Richtung gehen auch Arbeiten von HUBBARD (1979, 1981), dem es z. B. gelang, ausgehend von der Bandstruktur von Nickel und Eisen, die CURIE-Temperaturen dieser Metalle einigermaßen sinnvoll zu berechnen (bei Anwendung der einfachen Bändertheorie sind sie um Größenordnungen zu hoch), das CURIE-WEISS-Gesetz für die Suszeptibilität zu erhalten und Aussagen über die Existenz lokaler magnetischer Momente oberhalb der CURIE-Temperatur zu treffen. Weitere Einzelheiten sind in den im Literaturverzeichnis zitierten Arbeiten zu finden. Mit diesen wenigen Beispielen sind keineswegs alle modernen Tendenzen in der Theorie des Magnetismus erwähnt.

## 8. Magnetische Anisotropien

Bisher wurde nur die Wechselwirkung der magnetischen Momente untereinander betrachtet und angenommen, daß die spontanen Magnetisierungen der stark magnetischen Stoffe in Kristallen beliebig orientiert sind. Ein solches isotropes Verhalten hätte auch zur Folge, daß bei Anlegen selbst eines sehr kleinen Magnetfeldes sich die Magnetisierung in allen Stoffen parallel zum Feld einstellt.

Die Erfahrung zeigt jedoch, daß auch eine Wechselwirkung zwischen dem Kristallgitter und den magnetischen Momenten besteht. Sie führt bei den Dia- und Paramagnetika zu richtungsabhängigen Suszeptibilitäten, bei den stark magnetischen Stoffen zu einer Fixierung der Richtung der spontanen Magnetisierung im Kristall. Diese fixierte Richtung heißt leichte Magnetisierungsrichtung, leichte Achse oder Vorzugsachse. Das Herausdrehen der Magnetisierung aus dieser Richtung erfordert Arbeit, so daß sich je nach Richtung des Magnetfeldes im Vergleich zu den Kristallachsen unterschiedliche Magnetisierungskurven ergeben. Neben dieser magnetokristallinen Anisotropie gibt es noch andere Arten, die auch in polykristallinen Proben auftreten können: die Formanisotropie, die von der anisotropen Entmagnetisierung nicht kugelförmiger Proben herrührt, die (magnetfeld-) induzierte oder Diffusions-Anisotropie, die in 2- oder mehratomigen Stoffen auftritt und durch eine Umordnung der Atome oder Ionen bei einer Magnetfeldtemperung hervorgerufen wird, die Walzanisotropie, die ebenfalls durch eine Änderung der Nachbarschaftsverhältnisse — allerdings durch das plastische Gleiten — entsteht, die Oberflächenanisotropie, die ihre Ursache in der unsymmetrischen Umgebung der Oberflächenatome hat, die Austauschanisotropie (s. S. 52), die nur bei der Austauschkopplung zwischen einem ferromagnetischen und einem antiferromagnetischen Gitter möglich ist, und die sehr bedeutende Spannungsanisotropie. Da letztere an die Magnetostriktion gekoppelt ist, soll sie im nächsten Kapitel behandelt werden.

## 8.1. Magnetokristalline Anisotropie in Dia- und Paramagnetika

Eine isotrope Probe der Suszeptibilität $\chi$ und des Volumens $V$ besitzt in einem Magnetfeld $\boldsymbol{H}$ die potentielle Energie

$$E = -\frac{1}{2}\mu_0 \int\limits_V \chi \boldsymbol{H}^2 \,\mathrm{d}V. \tag{8.1}$$

Diese quadratische Form ist bei einem anisotropen Stoff zu ersetzen durch

$$E = -\frac{1}{2}\mu_0 \int\limits_V (\chi_{11}H_x^2 + \chi_{22}H_y^2 + \chi_{33}H_z^2 + 2\chi_{12}H_xH_y + 2\chi_{13}H_xH_z + 2\chi_{23}H_yH_z)\,\mathrm{d}V \tag{8.2}$$

($H_x$, $H_y$, $H_z$ Komponenten von $\boldsymbol{H}$ in einem beliebigen rechtwinkligen Koordinatensystem). Wählt man das Koordinatensystem so, daß $\boldsymbol{H}$ mit der $x$-Richtung zusammenfällt, dann geht (8.2) wegen $H_y = H_z = 0$ über in eine einfache Form, die auch als

$$E = -\frac{1}{2}\mu_0 \int\limits_V \chi_H \boldsymbol{H}^2 \,\mathrm{d}V \tag{8.1a}$$

geschrieben werden kann. $\chi_H$ hängt dann von der Richtung von $\boldsymbol{H}$ ab. Da die potentielle Energie nicht von der Wahl des Koordinatensystems abhängen darf, gilt unter Verwendung von $\alpha_1 = H_x/H$, $\alpha_2 = H_y/H$ und $\alpha_3 = H_z/H$

$$\chi_H = \chi_{11}\alpha_1^2 + \chi_{12}\alpha_2^2 + \chi_{33}\alpha_3^2 + 2\chi_{12}\alpha_1\alpha_2 + 2\chi_{13}\alpha_1\alpha_3 + 2\chi_{23}\alpha_3 \tag{8.3}$$

($\alpha_i$ Richtungskosinus von $\boldsymbol{H}$ in bezug auf die $x$-, $y$- und $z$-Achse).

Durch eine Transformation auf Hauptachsen erhält man die einfachere Form

$$\chi_H = \chi_1\beta_1^2 + \chi_2\beta_2^2 + \chi_3\beta_3^2. \tag{8.4}$$

$\chi_1$, $\chi_2$ und $\chi_3$ nennt man die Hauptsuszeptibilitäten; die $\beta_i$ sind die Richtungskosinus von $\boldsymbol{H}$ in bezug auf die drei Hauptachsen.

Von den Diamagnetika zeigen Graphit und die aromatischen Verbindungen große Unterschiede in den Hauptsuszeptibilitäten. So findet man für die Hauptsuszeptibilitäten pro Grammatom bzw. Grammol bei Raumtemperatur für Graphit $\chi_{\mathrm{At},1} = \chi_{\mathrm{At},2} = -6 \cdot 10^{-6}$, $\chi_{\mathrm{At},3} = -260 \cdot 10^{-6}$ und für Benzol unterhalb 5,5 °C $\chi_{\mathrm{M},1} = \chi_{\mathrm{M},2} = -41 \cdot 10^{-6}$, $\chi_{\mathrm{M},3} = -114 \cdot 10^{-6}$, wobei die mit 3 bezeichnete Hauptachse mit der Schichtnormale der Schichtenstruktur zusammenfällt, während die Hauptachsen 1 und 2 in der Schichtebene liegen. Diese starke Anisotropiet läßt sich dadurch erklären, daß ein Teil der Elektronen bei Graphit in der hexagonalen Basisebene, bei Benzol in der Basisebene des Moleküls frei beweglich sind und sozusagen Bahnen mit größerem Radius beschreiben. Dadurch entsteht nach (2.10) eine größere diamagnetische Suszeptibilität in der Richtung senkrecht zu diesen Basisebenen als in Richtungen innerhalb der Basisebenen.

Auch bei den Paramagnetika rührt die an einem Kristall gemessene Anisotropie von der Anisotropie der Einzelmoleküle und deren relativer Lage im Kristall her. Der Ursprung ist allerdings

gänzlich anderer Art. Die gefundenen magnetischen Momente der $3d$-Ionen im Festkörper ließen sich ja durch die Einwirkung eines elektrischen Kristallfeldes (von umgebenden Ionen oder Dipolen herrührend) erklären, wobei eine meist sehr starke Reduktion des Bahnanteils des magnetischen Momentes die Folge ist. Ist dieses Kristallfeld unsymmetrisch, so wird auch das verbleibende Bahnmoment richtungsabhängig und damit das Gesamtmoment anisotrop. Zwei Beispiele sollen das erläutern. Im $NiSO_4 \cdot 6\,H_2O$ ist das $Ni^{2+}$ in erster Sphäre oktaedrisch von $6\,H_2O$ in nahezu gleichem Abstand umgeben. Das Kristallfeld ist praktisch symmetrisch, und daher sind die Hauptsuszeptibilitäten mit $\chi_{M,1} = \chi_{M,2} = 4200 \cdot 10^{-6}$ und $\chi_{M,3} = 4080 \cdot 10^{-6}$ nahezu gleich.
Anders im $CuSO_4 \cdot 6\,H_2O$, das in erster Sphäre von $4\,H_2O$ in annähernd ebener quadratischer Anordnung und zwei polaren Sulfatsauerstoffen in trans-Stellung umgeben ist. Das Kristallfeld besitzt eine ausgeprägte tetragonale Symmetrie, die Hauptsuszeptibilitäten unterscheiden sich erheblich: $\chi_{M,1} = \chi_{M,2} = 1340 \cdot 10^{-6}$, $\chi_{M,3} = 1880 \cdot 10^{-6}$. Da die paramagnetische Anisotropie an das partielle Quenching des Bahndrehimpulses gekoppelt ist, treten auch die größten Effekte in der zweiten Hälfte der $3d$-Ionen-Reihe ($Fe^{2+}$, $Co^{2+}$, $Ni^{2+}$, $Cu^{2+}$) auf.

### 8.2. *Magnetokristalline Anisotropie in spontan magnetisierten Stoffen*

Für die Beschreibung des anisotropen Verhaltens ferromagnetischer Stoffe erweist sich der Ansatz (8.2) als nicht brauchbar. Man ist daher einen anderen, sehr formalen Weg gegangen und hat den richtungsabhängigen Anteil der potentiellen Energie eines ferromagnetischen Kristalls nach Potenzen der Richtungskosinus $\alpha_1, \alpha_2, \alpha_3$ der Magnetisierung in bezug auf ein rechtwinkliges, gitterfestes Koordinatensystem entwickelt. Unter Ausnutzung von Symmetriebeziehungen und der Identität $\alpha_1^2 + \alpha_2^2 + \alpha_3^2 = 1$ ergeben sich folgende Ausdrücke für die Kristallenergiedichte $E_K/V$:

für kubische Einkristalle

$$\frac{1}{V} E_K^{\text{kub}} = \text{const} + K_1(\alpha_1^2\alpha_2^2 + \alpha_2^2\alpha_3^2 + \alpha_3^2\alpha_1^2) + K_2\alpha_1^2\alpha_2^2\alpha_3^2 + \dots, \tag{8.5}$$

wobei sich die $\alpha_i$ auf die kubischen Achsen beziehen;
für tetragonale Einkristalle

$$\frac{1}{V} E_K^{\text{tet}} = \text{const} + K_1'\alpha_3^2 + K_2'\alpha_3^4 + K_3'(\alpha_1^4 + \alpha_2^4) + \dots$$
$$\equiv \text{const} + K_1 \sin^2 \vartheta + K_2 \sin^4 \vartheta$$
$$+ K_3 \cos^2 \alpha \cos^2 \beta + \dots, \tag{8.6}$$

wobei sich $\alpha_3 = \cos \vartheta$ auf die tetragonale (c)- Achse, $\alpha_1 = \cos \alpha$ und $\alpha_2 = \cos \beta$ auf die $a$- und $b$-Achse beziehen;
für hexagonale Einkristalle

$$\frac{1}{V} E_K^{\text{hex}} = \text{const} + K_1 \sin^2 \vartheta + K_2 \sin^4 \vartheta + K_3 \sin^6 \vartheta$$
$$+ K_3' \sin^6 \vartheta \sin^6 \varphi + \dots, \tag{8.7}$$

wobei $\vartheta$ den Winkel zwischen $\boldsymbol{M}$ und $c$-Achse, $\varphi$ den Winkel zwischen der Komponente von $\boldsymbol{M}$ in der $c$-Ebene und einer der $a$-Achsen darstellt.

Die sog. Kristallanisotropiekonstanten $K_i$ in (8.5) bis (8.7) sind Materialgrößen und hängen noch von der Temperatur ab (Abb. 8.1 und 8.2). Die Erfahrungen zeigen, daß man mit $K_1$ und $K_2$ die überwiegende Mehrzahl der experimentellen Ergebnisse

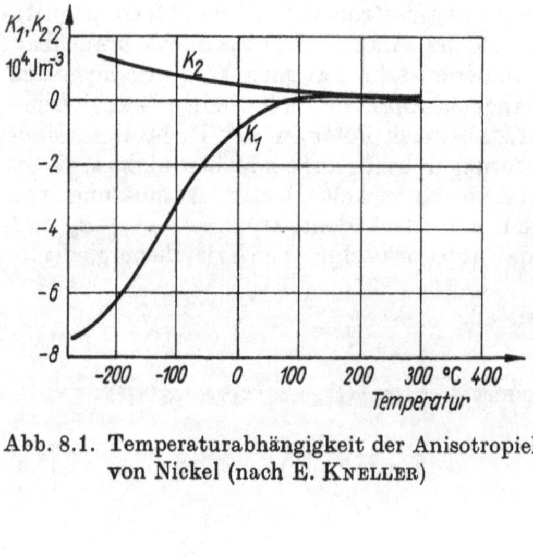


Abb. 8.1. Temperaturabhängigkeit der Anisotropiekonstanten $K_1$ und $K_2$ von Nickel (nach E. KNELLER)

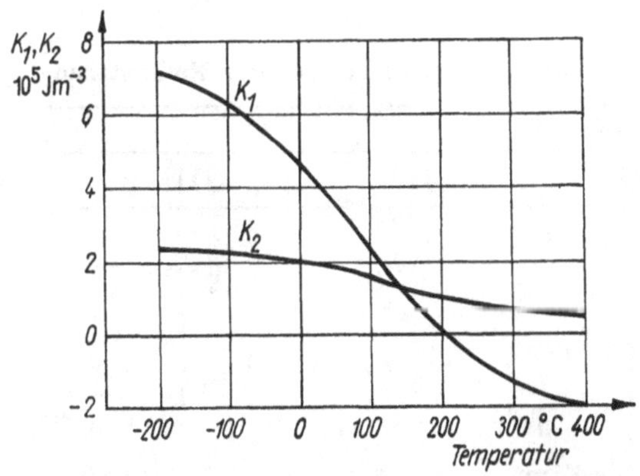


Abb. 8.2. Temperaturabhängigkeit der Anisotropiekonstanten $K_1$ und $K_2$ von Cobalt (nach E. KNELLER)

beschreiben kann. Das Vorzeichen und das Verhältnis der $K_i$ zueinander bestimmen die leichte Magnetisierungsrichtung oder Vorzugsachse, d. h. die jeweilige Richtung im Kristall, die $\boldsymbol{M}$ ohne äußeres Feld einnimmt. Sie kann ermittelt werden durch Aufsuchen des Energieminimums der Gleichungen (8.5) bis (8.7) in bezug auf die Lage von $\boldsymbol{M}$ im Kristall. Das Ergebnis enthält Tab. 8.1. Während bei den kubischen Stoffen nur drei diskrete Richtungen als Vorzugsachse in Frage kommen, ist bei den einachsigen Stoffen (tetragonal und hexagonal) ein kontinuierlicher Übergang von der $c$-Achse in die Basisebene oder umgekehrt möglich. Übergänge von einer Vorzugslage der Magnetisierung in eine andere können durch unterschiedliche Temperaturabhängigkeiten von $K_1$ und $K_2$ zustande kommen; Beispiele dafür sind Ni, Co und $Mn_2Sb$.

Die Größen der Anisotropiekonstanten können sehr unterschiedlich sein. Bei den kubischen Stoffen findet man $K_1$-Werte von einigen $10^3$ bis zu einigen $10^4$ J/m³, bei hexagonalen Stoffen von einigen $10^5$ bis über $10^6$ J/m³.

Die zunächst nur für ferromagnetische Stoffe gültige Beschreibung der magnetokristallinen Anisotropie läßt sich auch auf antiferro- und ferrimagnetische Stoffe ausdehenen, wenn man jedes der einheitlich magnetisierten Untergitter einzeln betrachtet. Wie dann solche Kristallanisotropiekonstanten der Untergitter mit pauschal gemessenen Werten zusammenhängen, muß im Einzelfall untersucht werden. Besonders trifft das zu für Ferrimagnetika,

Tabelle 8.1
Magnetische Vorzugslagen in kubischen und einachsigen Einkristallen

| | kubischer Kristall | | |
|---|---|---|---|
| Vorzugsachse | [100] | [110] | [111] |
| $E_K/V$ | 0 | $\frac{1}{4}K_1$ | $\frac{1}{3}K_1 + \frac{1}{27}K_2$ |
| Bedingungen für $K_1, K_2$ | $K_1 \begin{cases} > 0 \\ > -\frac{1}{9}K_2 \end{cases}$ | $-\frac{4}{9}K_2 < K_1 < 0$ | $K_1 \begin{cases} < -\frac{1}{9}K_2 \\ < -\frac{4}{9}K_2 \end{cases}$ |
| Beispiele | Fe, Co-Ferrit, Ni oberhalb 400 K | Ni etwas unterhalb 400 K | Ni bei tiefen Temperaturen, fast alle kubischen Ferrite |
| | tetragonaler bzw. hexagonaler Kristall | | |
| Vorzugsachse | [001] bzw. [0001] | $\sin^2 \vartheta_0 = -K_1/2K_2$ | (001) bzw. (0001) |
| $E_K/V$ | 0 | $-K_1^2/4K_2$ | $K_1 + K_2$ |
| Bedingungen für $K_1, K_2$ | $K_1 \begin{cases} > 0 \\ > -K_2 \end{cases}$ | $-2K_2 < K_1 < 0$ | $K_1 \begin{cases} < -K_2 \\ < -2K_2 \end{cases}$ |
| Beispiele | $Mn_2Sb$ oberhalb 237 K, Co bis ≈ 200 °C, Ba-Ferrit | $Mn_2Sb$ um 237 K, Co zwischen 200 und 300 °C | $Mn_2Sb$ unterhalb 237 K, Co oberhalb ≈ 300 °C |

die oftmals wie Ferromagnetika behandelt werden, indem die resultierende Magnetisierung des Ferrimagnetikums der spontanen Magnetisierung des Ferromagnetikums gleichgesetzt wird.

Das Zustandekommen der magnetokristallinen Energie kann folgendermaßen erklärt werden: Der das magnetische Moment im wesentlichen bestimmende Spin tritt mit der Bahnbewegung über die Spin-Bahn-Kopplung in Wechselwirkung und die Bahnbewegung ihrerseits mit der Kristallstruktur über die elektrostatischen Felder und die sich überlappenden Wellenfunktionen benachbarter Gitteratome. Berechnungen auf dieser Grundlage konnten zumindest Vorzeichen und Größenordnung der experimentellen $K$-Werte bestätigen.

### 8.3. *Magnetisierungskurven ferro- und antiferromagnetischer Einkristalle*

Einen wesentlichen Einfluß hat die magnetokristalline Anisotropie auf das Verhalten ferro-, antiferro- und ferrimagnetischer Stoffe in äußeren Feldern. Zwei Beispiele sollen das bekräftigen.

Beim einachsigen Ferromagnetikum sieht man ohne weiteres, daß das Anlegen eines Magnetfeldes parallel zur leichten Magnetisierungsrichtung bzw. -ebene keinerlei Änderung bewirkt; die Magnetisierung besitzt im Feld Null bereits den Maximalwert und behält ihn mit zunehmendem Feld natürlich bei. Anders, wenn das Feld senkrecht (in der sog. schweren Magnetisierungsrichtung) angelegt wird. Die Magnetisierungskomponente in dieser Richtung ist bei verschwindendem Feld Null und muß bei einem genügend hohen Feld den Maximalwert erreichen. Der Übergang läßt sich durch Aufsuchen des Minimums der Gesamtenergie des Systems, bestehend aus Feldenergie und magnetokristalliner Energie, ermitteln.

$$\frac{1}{V} E = \frac{1}{V} E_H + \frac{1}{V} E_K = -HM_S \cos(90° - \vartheta) + K_1 \sin^2\vartheta \qquad (K_1 > 0), \tag{8.8}$$

wobei von (8.6) bzw. (8.7) nur das erste Glied genommen wurde. Minima von $E$ findet man für

$$\sin\vartheta = \frac{M_S}{2K_1} H \text{ im Bereich } 0 \leqq H \leqq \frac{2K_1}{M_S} \text{ und}$$
$$\sin\vartheta = 1 \text{ für } H \geqq \frac{2K_1}{M_S}. \tag{8.9}$$

Die Magnetisierungskurve ist dann gegeben durch

$$\begin{aligned} M &= M_S \cos(90° - \vartheta) = \frac{M_S{}^2}{2K_1} H && \text{für } 0 \leqq H \leqq \frac{2K_1}{M_S}, \\ M &= M_S && \text{für } H \geqq \frac{2K_1}{M_S}. \end{aligned} \tag{8.10}$$

Die Berechnung von Magnetisierungskurven, die durch Eindrehen des Vektors der spontanen Magnetisierung in die Feldrichtung entstehen (man spricht daher von Drehprozessen), ist für alle Kristallklassen und jede beliebige Feldrichtung in ähnlicher Weise möglich. Im allgemeinen geht das aber nur noch numerisch. Abbn. 8.3 und 8.4 zeigen die Magnetisierungskurven in den kristallografischen Hauptrichtungen einachsiger (d. h. hexagonaler bzw. tetragonaler) und kubischer Stoffe jeweils für $K_1 > 0$.

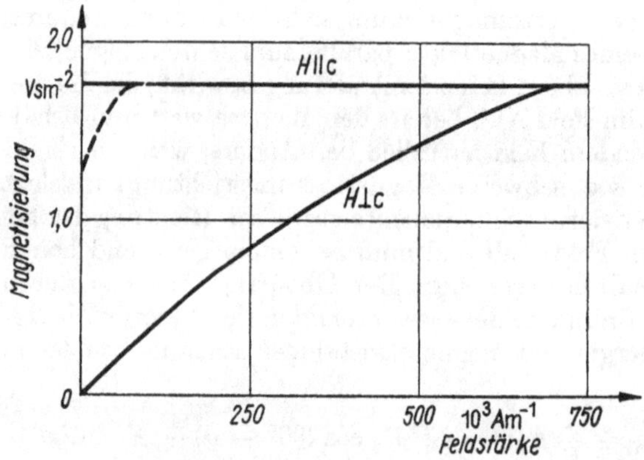


Abb. 8.3. Magnetisierungskurven in den kristallografischen Hauptrichtungen eines einachsigen Einkristalls mit $K_1 > 0$ am Beispiel des Co

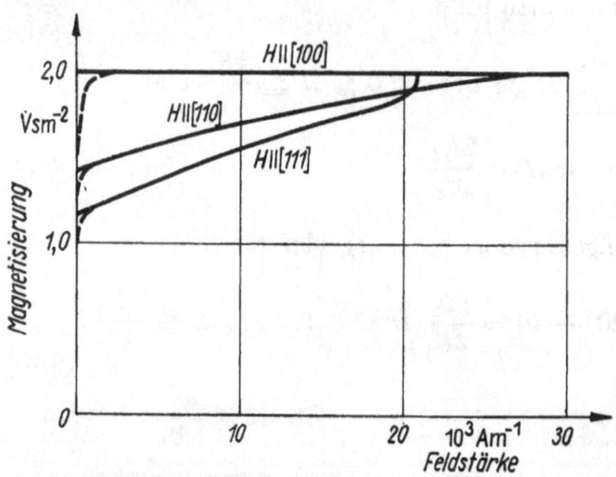


Abb. 8.4. Magnetisierungskurven in den kristallografischen Hauptrichtungen eines kubischen Einkristalls mit $K_1 > 0$ am Beispiel von 3,8%igem Si—Fe

Das Verhalten eines Antiferromagnetikums im äußeren Magnetfeld ist teilweise schon in 4.2. behandelt worden. Die Berechnung von $M_\perp$ erfolgte ohne Berücksichtigung der magnetokristallinen Energie, obwohl man davon ausgehen muß, daß bei fehlendem Feld die Untergittermagnetisierungen parallel zu einer magnetischen Vorzugsachse sein müssen, also durch die magnetokristalline Energie fixiert sind. Für ein einachsiges Antiferromagnetikum, dessen magnetokristalline Energie durch den ersten Term in (8.6) bzw. (8.7) beschrieben werden kann, ist dann (4.16) zu ersetzen durch

$$\frac{1}{V} E_\perp = -2M_1 H \sin\alpha - \frac{1}{\mu_0} W_{11} M_1^2 + \frac{1}{\mu_0} W_{12} M_1^2 \cos 2\alpha + 2K_1 \sin^2\alpha. \qquad (8.11)$$

Der Faktor 2 vor dem letzten Glied rührt daher, daß jedem Untergitter ein eigener Anisotropieterm zugeordnet wird; wegen der Identität der Untergitter müssen diese aber gleich sein. Die Rechnung ergibt dann anstelle von (4.20)

$$\begin{aligned} M_\perp &= \frac{M_1^2 H}{-W_{12} M_1^2/\mu_0 + K_1} && \text{für } H \leqq -2W_{12} M_1/\mu_0 + 2K_1/M_1, \\ M_\perp &= 2M_1 && \text{für } H \geqq -2W_{12} M_1/\mu_0 + 2K_1/M_1. \end{aligned} \qquad (8.12)$$

Dieses Ergebnis ist auch anschaulich sehr leicht zu verstehen, da das angelegte Feld nicht nur die Antiparallelstellung der Untergittermagnetisierungen überwinden, sondern auch deren Eindrehen in die schwere Magnetisierungsrichtung bewirken muß. Da jedoch im allgemeinen $K_1 \ll |W_{12}|\, M_1^2/\mu_0$ gilt, stellt (4.20) eine ausreichende Näherung dar.

Legt man das Magnetfeld parallel zur magnetischen Vorzugsachse, so liegt bei geringen Feldstärken die Konfiguration von Abb. 4.7b) vor. Da die magnetokristalline Anisotropieenergie in diesem Falle keinen Beitrag liefert, lautet die Energiedichte

$$\frac{1}{V} E_\parallel^{(1)} = -W_{11} M_1^2/\mu_0 + W_{12} M_1^2/\mu_0. \qquad (8.13)$$

Dieser Zustand kann aber in sehr hohen Feldern nicht mehr der energetisch günstigste sein. Die Energie bei völliger Ausrichtung beider Untergittermagnetisierungen in die Feldrichtung beträgt nämlich

$$\frac{1}{V} E_\parallel^{(3)} = -2HM_1 - W_{11}M_1^2/\mu_0 - W_{12}M_1^2/\mu_0, \tag{8.14}$$

und durch Vergleich von (8.13) und (8.14) findet man, daß oberhalb $H = -W_{12}M_1/\mu_0 E_\parallel^{(3)} < E_\parallel^{(1)}$ ist. Wie bei $M_\perp(H)$ wird auch hier der Sättigungszustand aus der in Abb. 4.7a) dargestellten Konfiguration durch stetige Abnahme des Winkels $\beta$ $(= 1 - \alpha)$ zwischen den Untergittermagnetisierungen und dem Magnetfeld erreicht. Die Energiedichte für diese Konfiguration lautet

$$\frac{1}{V} E_\parallel^{(2)} = -2M_1H\cos\beta - W_{11}M_1^2/\mu_0 - (W_{12}M_1^2/\mu_0)\cos 2\beta + 2K_1\sin^2\beta. \tag{8.15}$$

Durch Aufsuchen des Minimums von $E_\parallel^{(2)}$ in bezug auf $\beta$ und Vergleich der drei Energien untereinander findet man folgende Feldabhängigkeit von $M_\parallel$:

$$\begin{aligned}
M_\parallel &= 0 && \text{für } H < \frac{2}{M_1}\sqrt{K_1(-W_{12}M_1^2/\mu_0 - K_1)},\\
M_\parallel &= \frac{M_1^2H}{-W_{12}M_1^2/\mu_0 - K_1} && \text{für } \frac{2}{M_1}\sqrt{K_1(-W_{12}M_1^2/\mu_0 - K_1)} < H \leqq \frac{2}{M_1}(-W_{12}M_1^2/\mu_0 - K_1),\\
M_\parallel &= 2M_1 && \text{für } H \geqq \frac{2}{M_1}(-W_{12}M_1^2/\mu_0 - K_1).
\end{aligned} \tag{8.16}$$

In Abb. 8.5 sind die Feldabhängigkeiten von $M_\parallel$ und $M_\perp$ grafisch dargestellt. Das Umklappen der Untergittermagnetisierungen, verbunden mit dem steilen Anstieg von $M_\parallel$, nennt man „spin-flop". Es wurde bei einigen Antiferromagnetika wie z. B. $\alpha$-$Fe_2O_3$, $Cr_2O_3$, EuTe, $MnF_2$ und $CuCl_2 \cdot 2H_2O$ auch experimentell bestätigt, wobei das spin-flop-Feld stark unterschiedliche Werte annehmen kann, so $7{,}4 \cdot 10^6$ A/m für $MnF_2$ bei 4,2 K und $5{,}6 \cdot 10^5 \times$ A/m für $CuCl_2 \cdot H_2O$ bei 1,8 K.

In Abb. 8.6 sind die Existenzgebiete der soeben behandelten drei Konfigurationen, die man im allgemeinen als antiferromagnetische, spin-flop und ferromagnetische Phase bezeichnet, in Abhän-

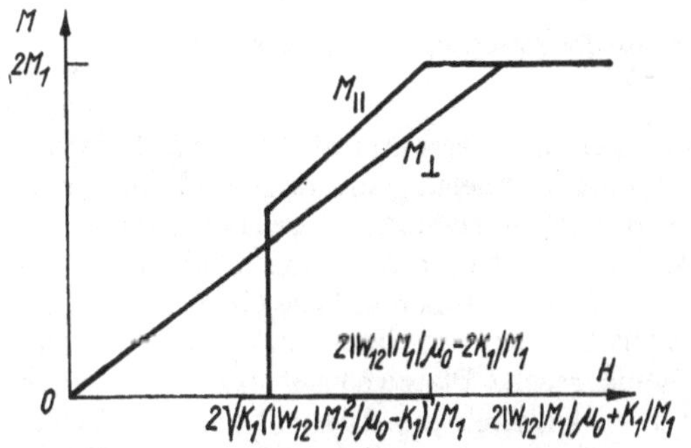


(Der Anisotropieterm $K_1/M_1$ ist mit 2 zu multiplizieren)

Abb. 8.5. $M_\parallel(H)$ und $M_\perp(H)$ eines anisotropen Antiferromagneten

gigkeit vom Außenfeld und Anisotropiefeld $K_1/M$ dargestellt. Man sieht, daß bei großen Anisotropien im Vergleich zum Molekularfeld die spin-flop-Phase verschwindet und die antiferromagnetische Phase direkt in die ferromagnetische übergeht. Man bezeichnet diesen Übergang oft als metamagnetischen Übergang und nennt Stoffe, die einen solchen Übergang zeigen, Metamagnetika. Beispiele dafür sind $FeCO_3$, $FeCl_2$, $FeBr_2$, $Eu_3O_4$, EuSe, $HoFeO_3$, $Dy_3Al_5O_{12}$, $CuUO_4$ u. a.
Die meist bei 4,2 K oder noch darunter gemessenen Übergangsfeldstärken liegen zwischen $2{,}0 \cdot 10^5$ A/m bei $Eu_3O_4$ und $1{,}2 \cdot 10^7$ $\times$ A/m bei $FeCO_3$.

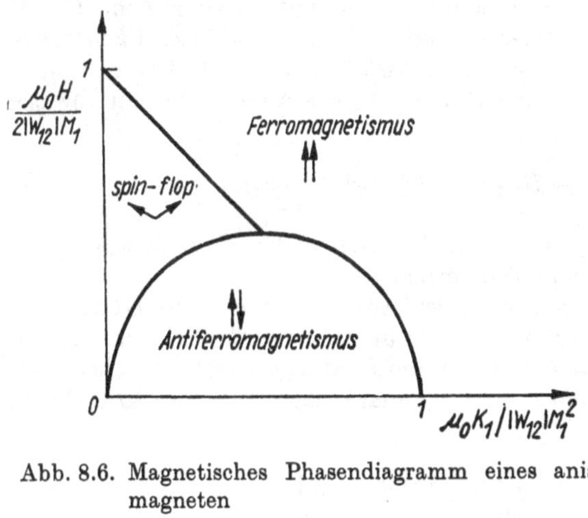


Abb. 8.6. Magnetisches Phasendiagramm eines anisotropen Antiferromagneten

### 8.4. *Magnetfeldinduzierte Anisotropie, Walzanisotropie und Oberflächenanisotropie*

In zahlreichen Legierungen und Ferriten mit kubischer Kristallstruktur läßt sich durch eine Temperung im Magnetfeld eine einachsige magnetische Anisotropie erzeugen. Voraussetzungen für das Auftreten einer solchen Anisotropie sind eine möglichst ungeordnete Verteilung der Atome oder Ionen auf die Gitterplätze und eine möglichst hohe CURIE-Temperatur, damit im spontan magnetisierten Zustand genügend rasche Platzwechselvorgänge möglich sind. Das Magnetfeld muß lediglich die Ausrichtung des Magnetisierungsvektors in Feldrichtung gewährleisten, seine Größe hat ansonsten keinen Einfluß. Durch langsames Abkühlen im Magnetfeld oder Abschrecken kann der Hochtemperaturzustand, der eine Vorzugsrichtung der Magnetisierung aufweist, eingefroren werden.

Die magnetfeldinduzierte Anisotropie in kubischen Kristallen wird beschrieben durch den Ausdruck

$$\frac{1}{V} E_{\text{ind}} = -F(\alpha_1^2\beta_1^2 + \alpha_2^2\beta_2^2 + \alpha_3^2\beta_3^2) - G(\alpha_1\alpha_2\beta_1\beta_2 + \alpha_2\alpha_3\beta_2\beta_3 + \alpha_3\alpha_1\beta_3\beta_1), \tag{8.17}$$

wobei die $\alpha_i$ und $\beta_i$ die Richtungskosinus der Magnetisierung während der Messung bzw. der Magnetfeldtemperung bedeuten. $G$ und $F$ sind Materialkonstanten, die jedoch nicht unabhängig voneinander sind; es gilt $G = 0$ im einfach-kubischen, $F = 0$ im kubisch-raumzentrierten und $G = 4F$ im kubisch-flächenzentrierten Gitter. Im isotropen Fall ist $G = 2F$, und (8.17) geht über in die für polykristalline Proben allgemein benutzte Schreibweise mit $F = K_u$

$$\frac{1}{V} E_{\text{ind}} = -K_u \cos^2 (\theta - \theta_u). \tag{8.17a}$$

Hierin ist $(\theta - \theta_u)$ der Winkel zwischen der Magnetisierung bei der Messung und dem Temperfeld.

Das Zustandekommen dieser Anisotropie ist von NÉEL 1954 und gleichzeitig von TANIGUCHI und YAMAMOTO erklärt worden. Sie gehen davon aus, daß man die Bindungsenergie zwischen zwei benachbarten Atomen eines spontan magnetisierten Kristalls in der Form

$$e = l\left(\cos^2 \varphi - \frac{1}{3}\right) \tag{8.18}$$

schreiben kann. $\varphi$ bedeutet den Winkel zwischen der spontanen Magnetisierung und der Verbindungslinie zwischen den Atommittelpunkten; $l$ hängt von der Art der Atome und im allgemeinen auch von der Temperatur ab. In einem Kristall aus A- und B-Atomen treten dann $l_{AA}$, $l_{AB}$ und $l_{BB}$ auf. Permutiert man zwei Atome, so folgt bei vorgegebener Richtung der Bindungen und der Magnetisierung je nach der Konfiguration von A- und B-Atomen eine Energieänderung von Null oder

$$\Delta e = \pm(l_{AA} + l_{BB} - 2l_{AB}) \left(\cos^2 \varphi - \frac{1}{3}\right). \tag{8.19}$$

Ist $\Delta e \neq 0$, so kann bei vorgegebener Magnetisierungsrichtung durch Umordnung von Atompaaren infolge Platzwechselvorgängen eine Absenkung der potentiellen Energie erreicht werden. Diese Energieabsenkung ist in einem völlig ungeordneten Mischkristall am größten. Da im Ausgangszustand eines solchen Mischkristalls alle Bindungen isotrop verteilt sind, führt die Magnetfeldglühung zu einer anisotropen Bindungsverteilung (nach NÉEL „Orientierungsüberstruktur"), die infolge der Winkelabhängigkeit nach (8.18) zu einer einachsigen magnetischen Anisotropie führt. Die genauere Durchrechnung liefert dann (8.17).

Die magnetfeldinduzierte Anisotropie wurde in zahlreichen Legierungen von Eisen, Cobalt und Nickel untereinander sowie mit anderen Elementen, ferner auch in Mischferriten beobachtet. $K_u$ bzw. $F$ und $G$ können Werte bis zu einigen $10^1$ J/m$^3$ annehmen. Da die Kristallanisotropie um den Faktor 100 größer ist, erfordert die $F$- und $G$-Bestimmung an Einkristallen eine hohe Meßgenauigkeit; man bevorzugt deshalb Messungen von $K_u$ an polykristallinem Material entsprechend (8.17a), weil dort der Kristallanisotropieanteil herausgemittelt ist.

Eine Umordnung von Atompaaren kann nicht nur durch eine Magnetfeldtemperung, sondern auch durch die plastische Verformung eines Legierungskristalls längs der Gleitebenen hervorgerufen werden. Diese Walz- oder Verformungsanisotropie ist 1934 von SIX, SNOEK und BURGERS an kaltgewalzten Eisen-Nickel-Legierungen entdeckt worden. Sie wurde inzwischen auch an Eisen-Aluminium-Legierungen beobachtet.

Gl. (8.18) führt nicht nur zu einer magnetischen Anisotropie in zwei- oder mehratomigen kubischen Kristallen bei anisotroper Paarverteilung, sondern, wie NÉEL 1953 gezeigt hat, auch zu einer Oberflächenanisotropie, die nicht an das Vorhandensein unterschiedlicher Atome gebunden ist, also auch in Elementen auftritt. Bei den Oberflächenatomen fehlen ja die Bindungen zu den Nachbarn, die in der nächsten Atomlage oberhalb der Oberfläche liegen würden, so daß sich beim Aufsummieren der einzelnen Bindungsenergien die Glieder mit $\cos^2 \varphi$ nicht wegheben. Zum Beispiel erhält man für eine Ni-Oberfläche parallel einer (100)-Ebene die Energiedichte

$$\frac{1}{F} E_{\text{Oberfl}} = -K_{\text{Oberfl}} \cos^2 \theta, \tag{8.20}$$

worin $\theta$ der Winkel zwischen der Magnetisierung und der äußeren Oberflächennormalen ist. $K_{\text{Oberfl}}$ beträgt etwa $1 \cdot 10^{-4}$ J/m². Diese Anisotropie ist so klein, daß sie erst dann mit der Kristallanisotropie vergleichbar wird, wenn die Zahl der Oberflächenatome einen nicht mehr zu vernachlässigenden Anteil an der Gesamtzahl der Atome ausmacht. Im Falle des Ni bedeutet das Teilchengrößen oder Schichtdicken der Größenordnung $10^{-8}$ m.

### 8.5. *Streufeldenergie und Formanisotropie*

Die Beziehung $\boldsymbol{B} = \mu_0 \boldsymbol{H} + \boldsymbol{M}$ (Gl. (1.3)) gilt nur im Innern einer unendlich ausgedehnten Probe. Ist die Probe endlich, so entstehen auf der Oberfläche Pole, die ein Streufeld (im Probeninnern entmagnetisierendes Feld genannt) hervorrufen. Die Energie der Probe in ihrem eigenen Streufeld, als Streufeldenergie $E_{\text{Str}}$ bezeichnet, ist gegeben durch

$$E_{\text{Str}} = -\frac{1}{2} \int\limits_V M H_{\text{Str}} \cdot \mathrm{d}V. \tag{8.21}$$

Die Berechnung dieser Streufeldenergie ist im allgemeinen recht kompliziert, da $H_{\text{Str}}$ im Probeninnern nicht homogen zu sein braucht. Übersichtliche Verhältnisse findet man für die Probenform des Ellipsoids, wo das Feld $H_{\text{Str}}$ im Innern homogen ist und gegeben wird durch

$$H_{\text{Str}} = -\frac{1}{\mu_0} N M, \tag{8.22}$$

worin $N$ der sogenannte Entmagnetisierungsfaktor ist. Damit läßt sich das Integral der Gl. (8.21) berechnen; man findet

$$\frac{1}{V} E_{\text{Str}} = \frac{1}{2\mu_0} N M^2. \tag{8.23}$$

Für ein Ellipsoid mit den drei Halbachsen $a$, $b$ und $c$ lassen sich die Entmagnetisierungsfaktoren $N_a$, $N_b$ und $N_c$ in den drei Hauptachsenrichtungen streng berechnen. In einer beliebigen Richtung mit den Richtungskosinus $\alpha_a$, $\alpha_b$ und $\alpha_c$ lautet $N$

$$N = N_a\alpha_a^2 + N_b\alpha_b^2 + N_c\alpha_c^2, \tag{8.24}$$

wobei zusätzlich $N_a + N_b + N_c = 1$ gilt. Die Streufeldenergie für eine beliebige Richtung der Magnetisierung mit den Richtungskosinus $\alpha_a$, $\alpha_b$ und $\alpha_c$ bezüglich der Hauptachsen des Ellipsoids beträgt dann

$$\frac{1}{V} E_{\mathrm{Str}} = \frac{M^2}{2\mu_0} [N_a\alpha_a^2 + N_b\alpha_b^2 + N_c\alpha_c^2]. \tag{8.25}$$

Dieser Ausdruck stellt eine Formanisotropie dar, da die Magnetisierungsrichtungen in einer nicht kugelförmigen Probe energetisch nicht gleichwertig sind.

Häufig vorkommende Sonderfälle:

Kugel ($a = b = c$) mit $N_a = N_b = N_c = \frac{1}{3}$,

$$\frac{1}{V} E_{\mathrm{Str}} = \frac{M^2}{6\mu_0}, \quad \text{also isotrop;} \tag{8.25a}$$

Rotationsellipsoid ($a = b$) mit $N_a = N_b$ und $N_c = 1 - 2N_a$,

$$\frac{1}{V} E_{\mathrm{Str}} = \frac{M^2}{2\mu_0} [N_a + (1 - 3N_a)\cos^2\theta]; \tag{8.25b}$$

unendlich ausgedehnte (dünne) Schicht ($a = b = \infty$) mit $N_a = N_b = 0$ und $N_c = 1$,

$$\frac{1}{V} E_{\mathrm{Str}} = \frac{M^2}{2\mu_0} \cos^2\theta; \tag{8.25c}$$

unendlich langer Zylinder ($a = b$, $c = \infty$) mit $N_a = N_b = \frac{1}{2}$ und $N_c = 0$,

$$\frac{1}{V} E_{\mathrm{Str}} = \frac{M^2}{4\mu_0} \sin^2\theta. \tag{8.25d}$$

$\theta$ ist dabei jedesmal der Winkel zwischen dem Magnetisierungsvektor und der $c$-Achse.

Die Energiedifferenz zwischen leichter und schwerer Magnetisierungsrichtung beträgt für die beiden letztgenannten Beispiele $\Delta E_{Str} N = M^2/(2\mu_0)$ bzw. $M^2/(4\mu_0)$. Setzt man für Fe den Wert $M = 2{,}14\ \mathrm{Vs/m^2}$ ein, so erhält man 1,8 bzw. $0{,}9 \cdot 10^6\ \mathrm{J/m^3}$. Das ist etwa 2 Größenordnungen mehr als die Energiedifferenz zwischen leichter und schwerer Magnetisierungsrichtung bei der Kristallanisotropie mit $K_2 = 0$ $\Delta E_K/V = K_1/3 = 1{,}5 \cdot 10^4\ \mathrm{J/m^3}$ bei Fe. Man sieht daraus, daß die Formanisotropie erhebliche Beiträge zur Gesamtanisotropie beisteuern kann.

# 9. Magnetostriktion

## 9.1. *Spontane Deformation des Gitters*

Bei der Behandlung der magnetokristallinen Anisotropie wurde das Kristallgitter als starr angesehen. In Wirklichkeit tritt bei der Magnetisierung des Kristalls jedoch eine spontane Verformung ein, die auch zu einer geringen Symmetrieänderung führt. Man nennt diese Erscheinung Magnetostriktion. Ihr Auftreten setzt voraus, daß die durch die Deformation verursachte Verringerung der Kristall- bzw. Austauschenergie größer ist als die Erhöhung der elastischen Energie des Kristalls.

Der Einfluß einer Verzerrung soll hier am Beispiel des kubischen Kristalls gezeigt werden. Die Dichte der elastischen Energie lautet

$$\frac{1}{V} E_{el} = \frac{1}{2} c_{11}(e_{xx}^2 + e_{yy}^2 + e_{zz}^2) + \frac{1}{2} c_{44}(e_{xy}^2 + e_{yz}^2 + e_{zx}^2) + c_{12}(e_{xx}e_{yy} + e_{yy}e_{zz} + e_{zz}e_{xx}) \tag{9.1}$$

($c_{ij}$ Elastizitätsmodule, $e_{ij}$ Komponenten des Dehnungstensors). Die Kristallenergiedichte kann in eine TAYLOR-Reihe nach den $e_{ij}$ entwickelt werden, wobei es für kleine Deformationen genügt, sich auf die in den $e_{ij}$ linearen Glieder zu beschränken. Dann gilt

$$\frac{1}{V} E_K = \frac{1}{V} (E_K)_0 + \frac{1}{V} \sum_{i \geqq j} (\partial E_K/\partial e_{ij})_0\, e_{ij}, \tag{9.2}$$

wobei $(E_K)_0$ durch (8.5) gegeben ist. Aus Symmetriebetrachtungen folgt

$$\frac{1}{V} \frac{\partial E_K}{\partial e_{ii}} = B_1 \alpha_i^2 \quad \text{und} \quad \frac{1}{V} \frac{\partial E_K}{\partial e_{ij}} = B_2 \alpha_i \alpha_j, \quad i \neq j. \tag{9.3}$$

$B_1$ und $B_2$ nennt man magnetoelastische Kopplungskonstanten. Der Gleichgewichtszustand ergibt sich durch Aufsuchen des Minimums der Gesamtenergie

$$E = E_K + E_{el} \tag{9.4}$$

in bezug auf die $e_{ij}$. Beschränkt man sich bei $1/V\ (E_K)_0$ auf das Glied mit $K_1$, so folgen hieraus die Werte für die Gleichgewichtsdehnungen

$$\begin{aligned} e_{ii} &= B_1[c_{12} - \alpha_i^2(c_{11} + 2c_{12})]/[(c_{11} - c_{12})(c_{11} + 2c_{12})], \\ e_{ij} &= -B_2\alpha_i\alpha_j/c_{44}, \qquad i \neq j. \end{aligned} \tag{9.5}$$

Setzt man die erhaltenen $e_{ij}$ in (9.2) ein, so findet man einen Ausdruck der Form

$$\frac{1}{V} E_K = (K_1 + \Delta K_1)(\alpha_1^2\alpha_2^2 + \alpha_2^2\alpha_3^2 + \alpha_3^2\alpha_1^2), \tag{9.2a}$$

worin $\Delta K_1$ von den magnetoelastischen Konstanten und den Elastizitätsmoduln abhängt. Die Abhängigkeit der Kristallenergie von den Richtungskosinus der Magnetisierung ist also erhalten geblieben, nur die Anisotropiekonstante ist verändert.

Phänomenologisch wird die Magnetostriktion mit Hilfe der sogenannten Magnetostriktionskonstanten $\lambda$ beschrieben. Für kubische Kristalle lautet die relative Längenänderung, gemessen in einer Richtung mit den Richtungskosinus $\beta_1$, $\beta_2$, $\beta_3$,

$$\begin{aligned} \frac{\delta l}{l} &= \frac{3}{2}\lambda_{100}\left(\alpha_1^2\beta_1^2 + \alpha_2^2\beta_2^2 + \alpha_3^2\beta_3^2 - \frac{1}{3}\right) \\ &\quad + 3\lambda_{111}(\alpha_1\alpha_2\beta_1\beta_2 + \alpha_2\alpha_3\beta_2\beta_3 + \alpha_3\alpha_1\beta_3\beta_1). \end{aligned} \tag{9.6}$$

$\lambda_{100}$ und $\lambda_{111}$ sind die Sättigungswerte der Magnetostriktion, wenn Meßrichtung und spontane Magnetisierung beide in der [100]- bzw. der [111]-Richtung liegen. In Abhängigkeit von den Dehnungen gilt aber

$$\frac{\delta l}{l} = \sum_{i \geq j} e_{ij}\beta_i\beta_j. \tag{9.7}$$

Durch Einsetzen der Gleichgewichtsdehnungen aus (9.5) in (9.7) und Vergleich mit (9.6) findet man folgenden Zusammenhang zwischen den Magnetostriktionskonstanten und den magnetoelastischen Konstanten:

$$\lambda_{100} = -\frac{2}{3} B_1/(c_{11} - c_{12}) \qquad \text{und} \qquad \lambda_{111} = -\frac{1}{3} B_2/c_{44}. \tag{9.8}$$

Unter Verwendung dieser Beziehungen ergibt sich $\Delta K_1$ aus (9.2a) zu

$$\Delta K_1 = (9/4) [(c_{11} - c_{12}) \lambda_{100}^2 - 2c_{44}\lambda_{111}^2]. \tag{9.9}$$

Zum Vergleich mit $K_1$ sollen die $\Delta K_1$-Werte von Fe und Ni dienen. Bei Raumtemperatur gilt

$$\begin{aligned} &\text{für Fe: } c_{11} = 2{,}41 \cdot 10^{11}\,\text{Jm}^{-3},\ c_{12} = 1{,}46 \cdot 10^{11}\,\text{Jm}^{-3},\\ &\qquad c_{44} = 1{,}12 \cdot 10^{11}\,\text{Jm}^{-3},\\ &\qquad \lambda_{100} = 20 \cdot 10^{-6} \quad \text{und} \quad \lambda_{111} = -21 \cdot 10^{-6};\\ &\text{für Ni: } c_{11} = 2{,}50 \cdot 10^{11}\,\text{Jm}^{-3},\ c_{12} = 1{,}60 \cdot 10^{11}\,\text{Jm}^{-3},\\ &\qquad c_{44} = 1{,}19 \cdot 10^{11}\,\text{Jm}^{-3},\\ &\qquad \lambda_{100} = -50 \cdot 10^{-6} \quad \text{und} \quad \lambda_{111} = -20 \cdot 10^{-6}. \end{aligned}$$

Mit diesen Zahlenwerten erhält man für Fe $\Delta K_1 = -1{,}4 \cdot 10^2 \times \text{Jm}^{-3}$, so daß $\Delta K_1/K_1 \approx 10^{-3}$, und für Ni $\Delta K_1 = 2{,}9 \cdot 10^2\,\text{Jm}^{-3}$, so daß $\Delta K_1/K_1 \approx 10^{-1}$ ist.

Aus dem Bisherigen ist ersichtlich, daß das Ergebnis einer Messung der magnetokristallinen Anisotropie davon abhängt, ob diese im Zustand konstanter Spannung oder konstanter Dehnung durchgeführt wurde. Letzterer spielt besonders bei dünnen magnetischen Schichten eine Rolle, wenn das unmagnetische Substrat die Deformation der Schicht verhindert.

### 9.2. *Einfluß äußerer mechanischer Spannungen*

Da die Kristallenergie nach (9.2) von der Deformation abhängt, muß sie auch von äußeren mechanischen Spannungen beeinflußbar sein, die ja mit den Dehnungen $e_{ij}$ über das Hookesche Gesetz verbunden sind. Die Energiedichte eines durch äußere Spannungen elastisch verzerrten Kristalls lautet

$$\frac{1}{V} E_\sigma = -\sum_{i \geqq j} \sigma_{ij} e_{ij} \tag{9.10}$$

($\sigma_{ij}$ Komponenten des Spannungstensors). Fügt man diesen Term zur Gesamtenergie (9.4) hinzu, berechnet wieder die Gleichgewichtsdehnungen und setzt diese in (9.2) ein, so erhält man unter Berücksichtigung der Ausdrücke (9.8) für die von äußeren Spannungen herrührende Anisotropieenergiedichte im kubischen Kristall

$$\frac{1}{V} E_\sigma = -\frac{3}{2} \lambda_{100}(\sigma_{11}\alpha_1^2 + \sigma_{22}\alpha_2^2 + \sigma_{33}\alpha_3^2)$$

$$- 3\lambda_{111}(\sigma_{12}\alpha_1\alpha_2 + \sigma_{23}\alpha_2\alpha_3 + \sigma_{31}\alpha_3\alpha_1). \qquad (9.11)$$

$E_\sigma$ wird häufig auch als Spannungsenergie bezeichnet. Liegt eine homogene Spannung $\sigma$ in der Richtung $\gamma_1, \gamma_2, \gamma_3$ bezüglich der kubischen Achsen vor, dann kann $\sigma_{ij}$ durch $\sigma\gamma_i\gamma_j$ ersetzt werden, und aus (9.11) wird

$$\frac{1}{V} E_\sigma = -\frac{3}{2} \lambda_{100}\sigma(\alpha_1^2\gamma_1^2 + \alpha_2^2\gamma_2^2 + \alpha_3^2\gamma_3^2)$$

$$- 3\lambda_{111}\sigma(\alpha_1\alpha_2\gamma_1\gamma_2 + \alpha_2\alpha_3\gamma_2\gamma_3 + \alpha_3\alpha_1\gamma_3\gamma_1). \qquad (9.11a)$$

$\sigma > 0$ stellt eine Zugspannung, $\sigma < 0$ eine Druckspannung dar. Setzen wir vereinfachend $\lambda_{100} = \lambda_{111}$ (isotrope Magnetostriktion), so ergibt sich aus (9.11a)

$$\frac{1}{V} E_\sigma = -\frac{3}{2} \lambda\sigma \cos^2\theta, \qquad (9.11b)$$

worin $\theta$ den Winkel zwischen Magnetisierungs- und Spannungsrichtung bedeutet mit $\cos\theta = \alpha_1\gamma_1 + \alpha_2\gamma_2 + \alpha_3\gamma_3$.

## 10. Magnetische Bereiche

### *10.1. Existenz von Bereichen*

Die Weissssche Hypothese des Molekularfeldes führte zu der Aussage, daß ein Ferromagnetikum unterhalb der Curie-Temperatur ohne äußeres Magnetfeld „spontan" magnetisiert ist. Da aber die Erfahrung zeigt, daß ferromagnetische Stoffe auch im unmagnetisierten Zustand existieren, nahm Weiss weiterhin an, daß ein Ferromagnetikum aus einer Vielzahl spontan magnetisierter Gebiete besteht, wobei die Magnetisierungsrichtungen im entmagnetisierten Zustand statistisch verteilt sind, so daß die resultierende Magnetisierung Null ist. Man nennt diese Gebiete heute Weisssche Bezirke oder einfach magnetische Bereiche; sie sind durch Bereichswände voneinander getrennt.

Eine weitergehende Begründung für das Auftreten magnetischer Bereiche wurde von LANDAU und LIFSCHITZ 1935 gegeben. Sie zeigten, daß die Unterteilung einer Probe in Bereiche zu einer beträchtlichen Erniedrigung der magnetischen (Streufeld-) Energie gegenüber dem gesättigten Zustand führt (Abb. 10.1). Durch die Einführung von Energiebetrachtungen wurde es möglich, be-

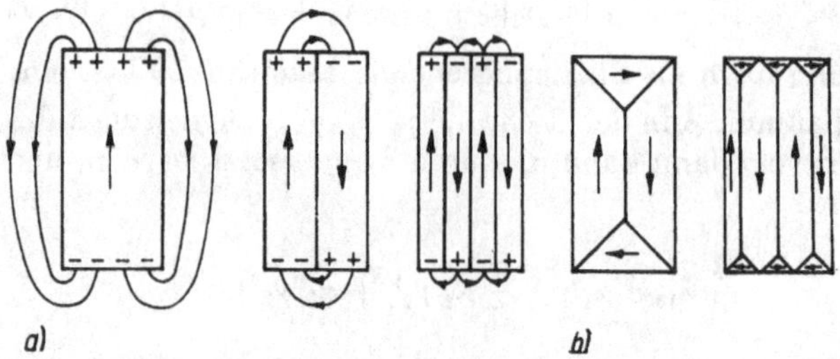


Abb. 10.1. Entstehen ferromagnetischer Bereiche a) ohne, b) mit Abschlußbereichen. Die Magnetisierungsrichtungen sind durch Pfeile gekennzeichnet

stimmten Magnetisierungszuständen Bereichskonfigurationen minimaler Energie zuzuordnen. Noch in den dreißiger Jahren wurde auf dieser Grundlage eine umfangreiche Theorie der Magnetisierungskurve geschaffen, wie die heute noch sehr geschätzte Monografie von BECKER und DÖRING aus dem Jahre 1939 beweist. Der Magnetisierungsprozeß, d. h. die Zunahme der Magnetisierung einer Probe unter dem Einfluß eines äußeren Feldes, besteht danach aus zwei voneinander unabhängigen Teilschritten (s. Abb. 10.2):

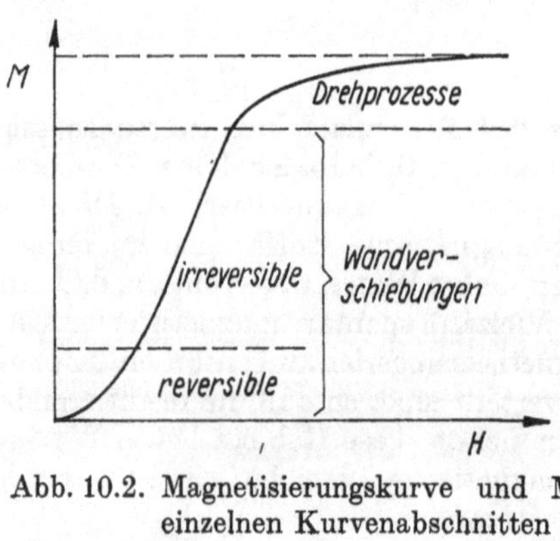


Abb. 10.2. Magnetisierungskurve und Magnetisierungsprozesse, die in einzelnen Kurvenabschnitten überwiegen

1. In schwachen äußeren Feldern wächst das Volumen der Bereiche, deren Magnetisierungen in bezug auf das Feld günstig liegen, auf Kosten der ungünstig orientierten Bereiche (reversible und irreversible Wandverschiebungen). 2. In starken äußeren Feldern dreht sich die Magnetisierung in die Richtung des Feldes (Drehprozesse). Damit bestimmt die Bereichsstruktur auch die für die Praxis wichtigen Eigenschaften ferromagnetischer Materialien.

Zur Unterteilung einer Probe in magnetische Bereiche, wie sie in der Abb. 10.1a) dargestellt ist, soll hier noch eine einfache energetische Betrachtung durchgeführt werden. Gegeben sei ein magnetisch einachsiger Kristall in Form eines rechteckigen Zylinders mit den Abmessungen $a$, $b$ und $h$ (Abb. 10.3). In Abwesenheit eines äuße-

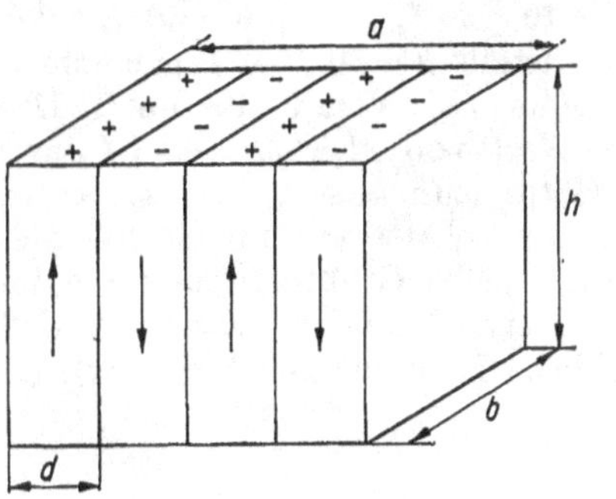


Abb. 10.3. Modell zur Berechnung der Bereichsgröße

ren Magnetfeldes und äußerer Spannungen treten nur zwei Energieanteile auf, die miteinander konkurrieren: die Streufeldenergie $E_{Str}$, deren Verringerung möglichst viele Bereiche, d. h. eine kleine Bereichsbreite $d$ verlangt, und eine — im folgenden noch näher zu erläuternde — Wandenergie $E_W$, deren Verringerung eine möglichst kleine Wandfläche und damit großes $d$ erfordert. Die Streufeldenergie für parallele Streifen von Polen alternierenden Vorzeichens lautet nach Néel und Kittel $E_{Str} = 0{,}85 M_S^2 dab/4\pi\mu_0$ (entspr. Abb. 10.3). Da Ober- und Unterseite unserer Probe ein solches Streufeld besitzen, ist dieser Energieanteil doppelt zu berücksichtigen. Die Wandenergie ist gegeben durch die Wandenergie pro Flächeneinheit $\sigma_W$ multipliziert mit der Fläche einer Wand $hb$ und der Zahl der Wände $a/d$. Die Gesamtenergie lautet

$$E = E_{Str} + E_W = 1{,}7 M_S^2 dab/4\pi\mu_0 + \sigma_W abh/d. \qquad (10.1)$$

Aus $\partial E/\partial d = 0$ erhält man die Bereichsbreite $d_{min}$, bei der die freie Energie $E$ einen Minimalwert annimmt. Es ergibt sich

$$d_{min} = \frac{1}{M_S} \sqrt{\frac{4\pi\mu_0 h \sigma_W}{1{,}7}}. \tag{10.2}$$

Durch Einsetzen von (10.2) in (10.1) folgt der Minimalwert der Energie zu

$$E_{min} = 2abM_S \sqrt{\frac{1{,}7 h \sigma_W}{4\pi\mu_0}}. \tag{10.3}$$

Mit den Werten für Fe $M_S = 2{,}14$ Vs m$^{-2}$ und $\sigma_W \approx 2 \cdot 10^{-3}$ $\times$Jm$^{-2}$ errechnet man für $h = 10^{-2}$ m $d_{min} \approx 6\mu$m und $E_{min}/ab \approx 6$ Jm$^{-2}$. Da die Dicke des Kristalls $h = 10^{-2}$ m angenommen wurde, beträgt die Energiedichte $E_{min}/V \approx 6 \cdot 10^2$ Jm$^{-3}$. Das ist erheblich weniger als der Wert von $M_S{}^2/6\mu_0 \approx 6 \cdot 10^5$ Jm$^{-3}$ für den Einbereichszustand. Hätte man $h \approx 10^{-8}$ m, wie es in dünnen Schichten vorliegt, angesetzt, hätte sich für die Energiedichte der Bereichsstruktur die gleiche Größenordnung wie im Einbereichszustand ergeben. Es ist damit offensichtlich, daß Probenabmessungen eine erhebliche Rolle bei den Bereichsstrukturen spielen.

## *10.2. Bereichswände*

Der Übergang der Magnetisierung zwischen zwei entgegengesetzt magnetisierten Bereichen vollzieht sich, wie Bloch erstmals 1932 gezeigt hat, in kleinen Schritten von Atomlage zu Atomlage (Abb. 10.4). Die Dicke dieser Übergangsschicht, heute Bloch-Wand genannt, ergibt sich aus der Konkurrenz zweier

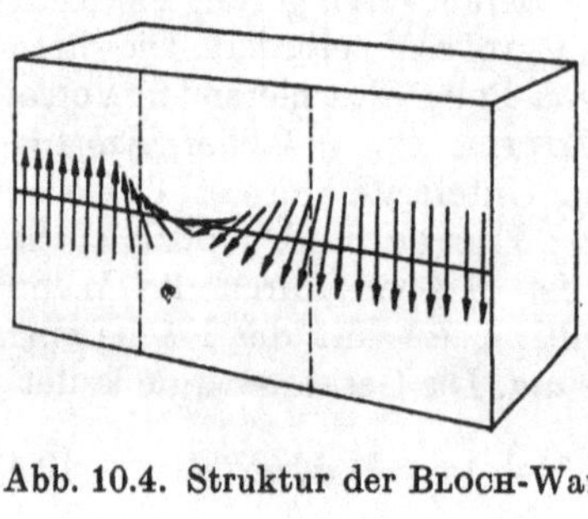

Abb. 10.4. Struktur der Bloch-Wand

Energieanteile: der Austauschenergie, die um so geringer ist, je kleiner der Winkel zwischen zwei benachbarten Spinvektoren (als Träger der magnetischen Momente) ist, und der Kristallenergie die um so kleiner ist, je weniger die Spin- bzw. Magnetisierungsvektoren von den in den Bereichen eingenommenen Vorzugslagen abweichen.

Zur Ermittlung der Austauschenergie geht man von (5.18) aus. Für ein Spinpaar, bei dem die Spins den kleinen Winkel $\varphi$ einschließen, lautet die Austauschenergie $\frac{1}{2} JS^2\varphi^2$. Da sich die Spinrichtung in $N$ Schritten von 0° auf 180° ändern soll, gilt $\varphi = \pi/N$. Auf der Linie von $N + 1$ Atomen gibt es $N$ Spinpaare, so daß die gesamte Austauschenergie auf dieser Linie $\frac{1}{2} JS^2(\pi/N)^2N = \frac{1}{2} JS^2 \times\pi^2/N$ beträgt. Wenn der Atomabstand $a$ ist, gibt es pro Flächeneinheit Wandoberfläche $1/a^2$ solcher Linien; folglich gilt

$$\frac{1}{F} E_{ex} \approx \pi^2JS^2/(2Na^2); \tag{10.4}$$

Die Kristallenergie ist von der Größenordnung der Kristallanisotropiekonstanten, multipliziert mit der Wanddicke,

$$\frac{1}{F} E_K \approx K_1Na, \tag{10.5}$$

so daß die Gesamtenergie lautet

$$\frac{1}{F} E \approx \pi^2JS^2/(2Na^2) + K_1Na. \tag{10.6}$$

Das Minimum in bezug auf $N$ ergibt sich aus

$$\frac{1}{F}\frac{\partial E}{\partial N} = 0 \approx -\pi^2JS^2/(2N^2a^2) + K_1a \tag{10.7}$$

zu

$$N \approx [\pi^2JS^2/(2K_1a^3)]^{1/2}. \tag{10.8}$$

Bei Eisen mit $\frac{1}{2}\pi^2JS^2 \approx kT_C \approx 10^{-20}$ J, $K_1 \approx 10^4$ Jm$^{-3}$ und $a^3 \approx 10^{-29}$ m$^3$ ergibt sich $N$ zu etwa 300, woraus eine Wanddicke $\delta_W \approx 100$ nm folgt. Durch Einsetzen von $N$ aus (10.8) in (10.6) erhält man auch die spezifische Wandenergie

$$\sigma_W = \frac{1}{F} E_W \approx \pi S[2JK_1/a]^{1/2}. \qquad (10.9)$$

Mit den obigen Zahlen ergibt sich für Fe die Größenordnung von $10^{-3}$ Jm$^{-2}$ für die spezifische Wandenergie.
Genauere Berechnungen führen zu dem Ausdruck

$$\sigma_W = 2\sqrt{AK_1}, \qquad (10.10)$$

worin $A = 2JS^2/a$ eine effektive Austauschkonstante ist. Für Fe erhält man $\sigma_W = 1{,}8 \cdot 10^{-3}$ Jm$^{-2}$.

Den bisher beschriebenen Wandtyp nennt man auch 180°-Wand, da durch diese Wand zwei magnetische Bereiche voneinander getrennt werden, deren Magnetisierungen einen Winkel von 180° miteinander bilden. Bei kubischen Materialien sind aber von der minimalen Kristallenergie her auch Bereichskonfigurationen möglich, in denen die Magnetisierungsrichtungen benachbarter Bereiche Winkel von 90° miteinander bilden. Zum Beispiel begrenzen solche 90°-Wände, wie Abb. 10.1b) zeigt, die Abschlußdomänen, die bei kubischen Materialien, im Gegensatz zu den einachsigen Materialien, den Fluß innerhalb der Probe „kurzschließen" und somit das Streufeld vermeiden. Die spezifische Wandenergie ist natürlich kleiner; sie beträgt etwa die Hälfte der Energie einer 180°-Wand.

Allen Betrachtungen zur Bloch-Wand lag die stillschweigende Annahme zugrunde, daß die Ausdehnung der Wände in ihrer Ebene groß gegen die Wanddicke ist, so daß das von den freien Magnetpolen an den Wandkanten herrührende Streufeld bei der Berechnung der Wandenergie vernachlässigt werden kann. In dünnen Schichten, wenn die Schichtdicke gleich oder wesentlich kleiner als die Wanddicke ist, erhöht diese Streufeldenergie die Wandenergie erheblich. Daher schlug Néel für Schichten, in denen die Schichtdicke erheblich kleiner als die Wanddicke ist, einen anderen Wandtyp, heute Néel-Wand genannt, vor. Wie Abb. 10.5 zeigt, bleibt dabei die Magnetisierung in der Schichtebene. Aus Berechnungen der Energie und der Dicke einer Néel-Wand und Vergleich mit den Ergebnissen für die Bloch-Wand, erhält man als kritische Schichtdicke

$$h_{kr} = 3{,}9\sqrt{4\pi\mu_0 A}/M_S. \qquad (10.11)$$

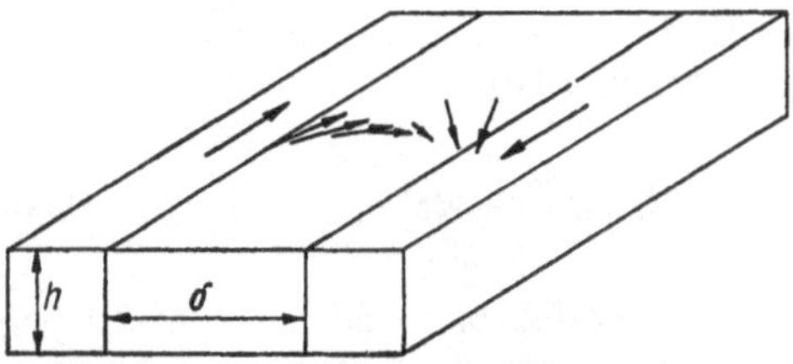


Abb. 10.5. Struktur der Néel-Wand

In Schichten mit $h > h_{kr}$ ist die Bloch-Wand, in Schichten mit $h < h_{kr}$ die Néel-Wand stabil. Für Fe ergibt sich beispielsweise $h_{kr} \approx 32{,}5$ nm.

Experimentelle wie theoretische Untersuchungen haben gezeigt, daß auch die Wände eine Struktur besitzen. Plausibel machen kann man sich das, indem man eine Bloch- oder Néel-Wand einfach für sich als eine dünne Schicht ansieht und für diese das entsprechende Energieminimum aufsucht. Dabei ergeben sich wiederum Übergangsgebiete, die, obwohl sie endliche Ausdehnung besitzen, als Néel-Linien (in der Bloch-Wand) oder Bloch-Linien (in der Néel-Wand) bezeichnet werden.

## *10.3. Einbereichsteilchen*

Am Schluß des Abschn. 10.1. ist darauf hingewiesen worden, daß die Unterteilung einer Probe in Bereiche bei sehr kleinen Probenabmessungen energetisch nicht mehr günstig ist. Im folgenden soll am Beispiel eines kugelförmigen, einkristallinen Teilchens mit hoher einachsiger Anisotropie der kritische Teilchenradius berechnet werden, bei dem Einbereichszustand und Zustand mit einer Wand energetisch gerade gleich sind (s. Abbn. 10.6a) und b)).

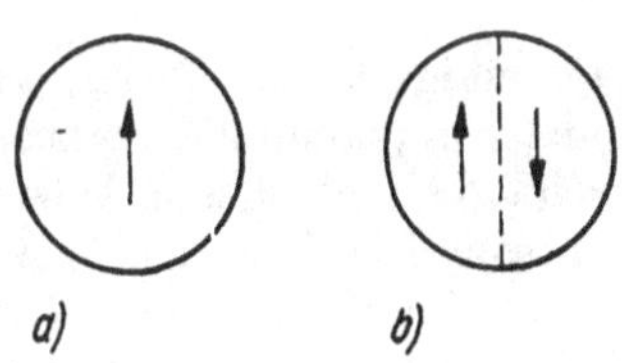


Abb. 10.6. a) Einbereichs-, b) Zweibereichsteilchen eines einachsigen Materials hoher Anisotropie

Die Energiedichte des Einbereichszustandes rührt nur von der magnetostatischen Energie her und lautet

$$\frac{1}{V} E^{\mathrm{EB}} = N M_{\mathrm{S}}^2/2\mu_0 = M_{\mathrm{S}}^2/6\mu_0, \tag{10.12}$$

wobei für den Entmagnetisierungsfaktor $N$ der Kugel 1/3 eingesetzt wurde. Hat die Kugel den Radius $r$, so beträgt die Energie

$$E^{\mathrm{EB}} = 2\pi M_{\mathrm{S}}^2 r^3/9\mu_0. \tag{10.13}$$

Zur Energie des Zustandes mit zwei Bereichen tragen zwei Energieanteile bei, die Wandenergie, gegeben durch das Produkt aus spezifischer Wandenergie $\sigma_{\mathrm{W}}$ und Wandfläche $\pi r^2$, und die magnetostatische Energie, angenähert durch (1/2) $E^{\mathrm{EB}}$. Damit hat man

$$E^{\mathrm{ZB}} \approx \pi r^2 \sigma_{\mathrm{W}} + \pi M_{\mathrm{S}}^2 r^3/9\mu_0. \tag{10.14}$$

Der kritische Radius $r_{\mathrm{kr}}$ ergibt sich durch Gleichsetzen von (10.13) und (10.14) zu

$$r_{\mathrm{kr}} \approx \frac{9\mu_0\sigma_{\mathrm{W}}}{M_{\mathrm{S}}^2}. \tag{10.15}$$

Für MnBi beispielsweise erhält man mit $\sigma_{\mathrm{W}} = 1{,}2 \cdot 10^{-2}\ \mathrm{Jm}^{-2}$ und $M_{\mathrm{S}} = 0{,}75\ \mathrm{Vs\ m}^{-2}$ $r_{\mathrm{kr}} \approx 2{,}5 \cdot 10^{-7}\ \mathrm{m} = 0{,}25\ \mu\mathrm{m}$. Nahezu der gleiche Wert ergibt sich auch für Ba-Ferrit mit $\sigma_{\mathrm{W}} = 5 \cdot 10^{-3}\ \mathrm{Jm}^{-2}$ und $M_{\mathrm{S}} = 0{,}48\ \mathrm{Vs\ m}^{-2}$.

Einbereichsteilchen nehmen insofern eine Sonderstellung ein, als in ihnen ja keine Wandverschiebungen möglich sind, so daß der Magnetisierungsprozeß allein auf Drehungen des Magnetisierungsvektors beruht. Darauf wird später bei den magnetischen Werkstoffen noch eingegangen werden.

## *10.4. Zylindrische Bereiche*

In dünnen Plättchen (einige $10^{-1}$ bis einige 10 µm Dicke) aus magnetisch einachsigen Materialien findet man, wenn die Vorzugsachse senkrecht zur Plättchenebene zeigt, bei fehlendem Außenfeld streifenförmige Bereiche. Diese müssen allerdings nicht, wie Abb. 10.3 zeigt, gerade sein, sondern bilden im allgemeinen mäanderförmige Muster (Abb. 10.7a)). Bei Anlegen eines Magnetfeldes parallel zur Vorzugsachse verringert sich die Größe der zum Außenfeld entgegengesetzt magnetisierten Bereiche (Abb. 10.7b)). Vor

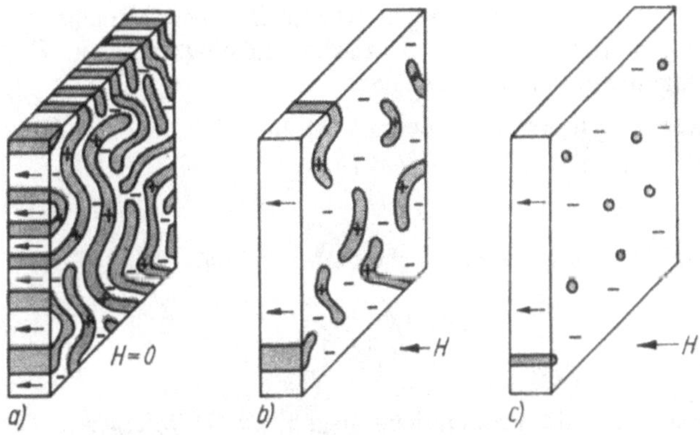


Abb. 10.7. Entstehen von Zylinderbereichen

einer gewissen Feldstärke an bleiben nur noch zylinderförmige Bereiche übrig (Abb. 10.7c)). Bei weiterer Erhöhung der Feldstärke verringert sich der Durchmesser dieser zylindrischen Bereiche, bis diese beim „Kollapsfeld" plötzlich ganz verschwinden.

Quantitativ ist das Verhalten dieser Zylinderbereiche erstmals von Bobeck 1967 untersucht worden. Zur Gesamtenergie tragen die Wandenergie $E_W$, die Feldenergie $E_H$ und die Streufeldenergie $E_{Str}$ bei. Ein stabiler zylindrischer Bereich vom Durchmesser $2r$ ist möglich, wenn

$$\frac{\partial E}{\partial r} = \frac{\partial E_W}{\partial r} + \frac{\partial E_H}{\partial r} + \frac{\partial E_{Str}}{\partial r} = 0 \qquad (10.16)$$

ist. $E_W$ und $E_H$ sind leicht anzugeben, sie lauten für die Probendicke $h$

$$E_W = 2\pi r h \sigma_W \qquad \text{und} \qquad E_H = \pi r^2 h \cdot 2M_S H\,. \qquad (10.17)$$

$E_{Str}$ ist dagegen eine komplizierte Funktion von $r$ und $h$. Zur Berechnung von (10.16) gibt Bobeck

$$\frac{\partial E_{Str}}{\partial r} = \frac{8rhM_S^2}{\mu_0}\left[\frac{2r}{h} - \sqrt{1 + \frac{4r^2}{h^2}}\,\mathrm{E}\left(\frac{4r^2}{h^2 + 4r^2}\right)\right] \qquad (10.18)$$

an, worin $\mathrm{E}(k)$ das vollständige elliptische Integral zweiter Gattung ist.

Da (10.18) keine analytische Lösung von (10.16) erlaubt, kann eine Diskussion über Stabilitätsgebiete zylindrischer Bereiche nur anhand einer numerischen oder grafischen Lösung erfolgen. Folgende Aussagen werden dabei erhalten:

1. Die kleinsten zylindrischen Bereiche stellen sich bei einer Probendicke

$$h \approx 3 \cdots 4l \tag{10.19}$$

ein, wobei $l$ eine charakteristische Materiallänge ist:

$$l = \frac{\mu_0 \sigma_W}{M_S^2}. \tag{10.20}$$

2. Für diese optimale Probendicke liegen die Durchmesser der Zylinderbereiche zwischen

$$2r \approx 4l \qquad \text{und} \qquad 2r \approx 12l, \tag{10.21}$$

wobei die obere Grenze durch den Übergang zu den Streifenbereichen gegeben ist, während an der unteren Grenze das Kollabieren erfolgt.

3. Der dazugehörige Feldstärkebereich lautet

$$0{,}19 < \frac{\mu_0 H}{M_S^2} < 0{,}27. \tag{10.22}$$

Hierzu kommt noch, daß die hier diskutierten Streifen- und Zylinderdomänen nur möglich sind, wenn

$$K_u > M_S^2/2\mu_0 \tag{10.23}$$

gilt, wobei $K_u$ die Konstante der einachsigen Anisotropie ist.

Zu den Materialien, in denen solche Zylinderbereiche auftreten können, gehören vor allem Orthoferrite ($SEFeO_3$, SE – Seltenes Erdion) und magnetische Granate. Die minimal erreichbaren Bereichsdurchmesser liegen bei den Orthoferriten zwischen 20 und 100 µm, bei den Granaten zwischen 1 und 10 µm und in ausgewählten Zusammensetzungen sogar unter 1 µm. Es erscheint zunächst verwunderlich, daß in den an sich kubischen Granaten Zylinderbereiche existieren können. Bei der Herstellung von Granatschichten tritt jedoch immer eine Wachstumsanisotropie auf, die für Zusammensetzungen mit nicht zu großem $M_S$ die Bedingung (10.23) erfüllt.

## *10.5. Sichtbarmachung magnetischer Bereiche*

Der beste Nachweis der magnetischen Bereichsstruktur besteht in der direkten Beobachtung der Bereiche. Erste Experimente dazu wurden 1931 von BITTER und unabhängig davon von HAMOS und THIESSEN ausgeführt. Sie brachten eine kolloidale Suspension sehr feiner magnetischer Teilchen (meist Magnetit) auf die mechanisch polierte Oberfläche der zu untersuchenden ferromagnetischen Probe. Wenn Pole auf der Oberfläche vorhanden sind, sammeln sich die magnetischen Teilchen in gewissen Gebieten und bilden Muster, die man mit einem Mikroskop beobachten kann. Man spricht von Pulvermustern oder auch von BITTER-Streifen. Die mit dieser Technik erhaltenen Muster waren allerdings noch wenig aussagekräftig. Wesentliche methodische Verbesserungen, wie das elektrolytische Polieren der Probenoberfläche und die Herstellung ausgezeichneter magnetischer Kolloide, wurden durch ELMORE (1937 bis 38) eingeführt. Allerdings hat diese Methode erst mit den Ar-

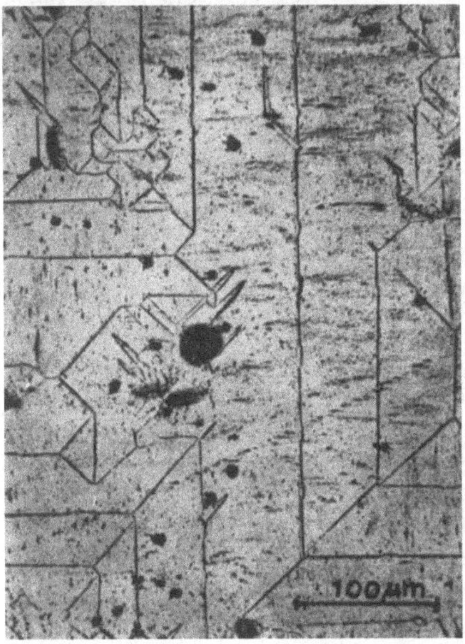


Abb. 10.8. Bereichsstrukturen in einer einkristallinen Probe aus 5%igem Al—Fe, sichtbar gemacht mit der BITTER-Streifen-Technik (Aufnahme: H. GENGNAGEL)

beiten von WILLIAMS u. a. (1949) den Stand erreicht, um Vergleiche zwischen theoretisch geforderten und experimentell gefundenen Bereichsstrukturen anstellen zu können.

Als Beispiel zeigt Abb. 10.8 BITTER-Streifen, die an einem Rahmeneinkristall aus 5 %igem Al—Fe ohne äußeres Magnetfeld aufgenommen wurden. Man sieht deutlich die für ein kubisches Material charakteristischen 90°- und 180°-Wände. Daneben findet man auch die sich an Störungen im Kristall häufig ausbildenden dolchförmigen Bereiche. Diese Art von Bereichen ist von NÉEL 1944 vorausgesagt worden.

Neben der BITTER-Streifen-Technik können auch die magnetooptischen Effekte, der KERR-Effekt und im Falle durchsichtiger Proben (z. B. dünner Schichten) auch der FARADAY-Effekt, zur Sichtbarmachung von Bereichsstrukturen benutzt werden. Als Beispiel dafür zeigt Abb. 10.9 eine mit Hilfe des FARADAY-Effektes aufgenommene quadratische Anordnung von Zylinderbereichen in einem Y—Sm—Fe—Ga-Granat.

Weitere Möglichkeiten bestehen darin, über die Magnetisierungsverteilung im Innern einer Probe oder die Streufelder auf der Probenoberfläche Elektronenstrahlen zu beeinflussen und zwar sowohl bei Durchstrahlung der Probe (vorwiegend dünner Schichten) als auch in Reflexion.

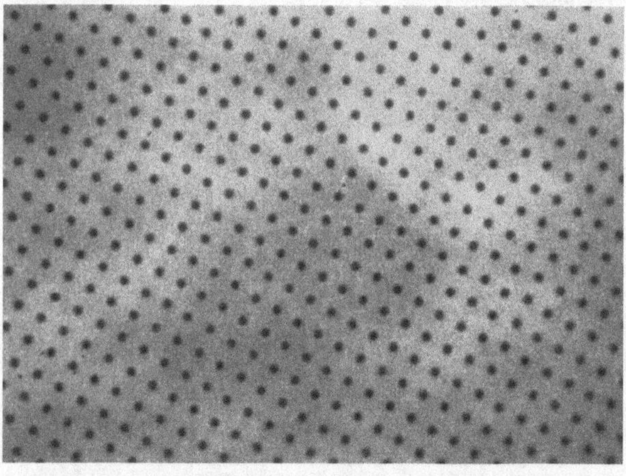

Abb. 10.9. Zylinderbereiche in einem Y—Sm—Fe—Ga-Granat, sichtbar gemacht mit Hilfe des FARADAY-Effektes (Aufnahme: D. LINZEN). Der Bereichsdurchmesser beträgt etwa 5 μm

## 11. Dynamisches Verhalten

Bisher wurden im wesentlichen nur statische Eigenschaften der magnetischen Stoffe behandelt. Das Gebiet der dynamischen Eigenschaften ist inzwischen nicht minder interessant und sehr umfangreich geworden. Aus Platzgründen kann hier nur auf einige Beispiele eingegangen werden.

Bei bestimmten Frequenzen und Magnetfeldern kann die Wechselwirkung eines elektromagnetischen Feldes mit den magnetischen Momenten eines Stoffes zu einer Resonanzabsorption führen, zur sogenannten magnetischen Resonanz. Das kann die magnetische Kernresonanz sein, wenn das Feld mit den magnetischen Momenten der Kerne wechselwirkt, das kann die Elektronenresonanz sein bei der Wechselwirkung mit den Elektronenspins, sowohl in paramagnetischen Stoffen oder an paramagnetischen Verunreinigungen in diamagnetischen Stoffen als auch in ferro-, antiferro- oder ferrimagnetischer Materie.

### *11.1. Magnetische Kernresonanz*

Zunächst werden am Beispiel der Kernresonanz die Grundlagen der magnetischen Resonanz erklärt. Dazu wird ein Kern mit dem magnetischen Moment $\boldsymbol{m}$ und dem Drehimpuls $\hbar\boldsymbol{J}$ betrachtet.

Beide Größen sind einander parallel, es gilt

$$\boldsymbol{m} = \gamma\hbar\boldsymbol{J} \tag{11.1}$$

mit dem gyromagnetischen Verhältnis $\gamma = |e|g/2m$. Die potentielle Energie des Momentes in einem äußeren Magnetfeld parallel zur $z$-Achse ist gegeben durch

$$E = -\boldsymbol{m}\boldsymbol{H} = -\gamma\hbar H J_z. \tag{11.2}$$

In dem äußeren Magnetfeld besitzt ein Kern mit $J = 1/2$ zwei Energieniveaus mit den Quantenzahlen $J_z = \pm\, 1/2$. Bezeichnet man den Abstand der beiden Niveaus mit $\hbar\omega_0$, dann lautet die Bedingung für die magnetische Resonanz, genauer für die Resonanzabsorption des elektromagnetischen Feldes, verbunden mit dem Übergang vom unteren in das obere Niveau,

$$\hbar\omega_0 = \gamma\hbar H. \tag{11.3}$$

Wendet man die Betrachtungen auf ein Proton an, so erhält

man für die Frequenz $\nu$ der Resonanz

$$\nu\,(\text{in MHz}) = 3{,}388 \cdot 10^6\, H(\text{ in A/m}). \tag{11.4}$$

Analoge Betrachtungen für den Elektronenspin ergeben

$$\nu\,(\text{in GHz}) = 2{,}228 \cdot 10^{-6} H\,(\text{in A/m}). \tag{11.5}$$

Grundlage für die Beschreibung der Resonanzphänomene ist die Bewegungsgleichung für das magnetische Moment. Aus der Gleichheit von zeitlicher Änderung des Drehimpulses eines Systems und dem Drehmoment, das auf das System wirkt, erhält man

$$\frac{\mathrm{d}\boldsymbol{m}}{\mathrm{d}t} = \gamma \boldsymbol{m} \times \boldsymbol{H} \tag{11.6}$$

bzw. mit dem Übergang vom magnetischen Moment zur Magnetisierung

$$\frac{\mathrm{d}\boldsymbol{M}}{\mathrm{d}t} = \gamma \boldsymbol{M} \times \boldsymbol{H}. \tag{11.7}$$

Wenn das äußere Magnetfeld statisch ist und die Kerne des betrachteten Stoffes sich im thermischen Gleichgewicht befinden, gilt für die Magnetisierung

$$M_x = M_y = 0, \qquad M_z = M_0 = \chi_0 H. \tag{11.8}$$

Für Kerne mit $J = 1/2$ ist die Magnetisierung proportional der Differenz der Besetzungszahlen (pro Volumen) $N_i$ der beiden Niveaus

$$M_z = (N_1 - N_2)\, m, \tag{11.9}$$

wobei das Verhältnis der Besetzungszahlen $N_i^0$ im thermischen Gleichgewicht durch den Boltzmann-Faktor gegeben ist,

$$N_2^0/N_1^0 = \exp\,(-2mH/kT), \tag{11.10}$$

da die Energiedifferenz der beiden Niveaus $2mH$ beträgt.

Falls sich das System nicht im thermischen Gleichgewicht befindet, wird sich die $z$-Komponente $M_z$ dem Gleichgewichtswert $M_0$ mit einer Geschwindigkeit nähern, die als linear in der Abweichung von diesem Wert angesetzt wird:

$$\frac{\mathrm{d}M_z}{\mathrm{d}t} = (M_0 - M_z)/T_1. \tag{11.11}$$

$T_1$ nennt man wegen der entsprechenden mikroskopischen Ursachen Spin-Gitter-Relaxationszeit oder auch longitudinale Relaxationszeit. Die zeitliche Integration dieser Gleichung liefert

$$M_z(t) = M_0(1 - e^{-t/T_1}). \qquad (11.12)$$

Wenn also eine unmagnetische Probe $\big(M_z(t = 0) = 0\big)$ in ein statisches Magnetfeld gebracht wird, wächst die Magnetisierungskomponente $M_z$ exponentiell mit der Zeitkonstanten $T_1$ an und nähert sich dem Gleichgewichtswert $M_0$. Insgesamt lautet die Bewegungsgleichung für die longitudinale Komponente $M_z$

$$\frac{dM_z}{dt} = \gamma(\boldsymbol{M}\times\boldsymbol{H})_z + (M_0 - M_z)/T_1. \qquad (11.13\,a)$$

Falls in dem äußeren Feld anfangs auch die transversalen Magnetisierungskomponenten $M_x$ und $M_y$ nicht Null waren, werden diese Komponenten bei der Einstellung des thermischen Gleichgewichts verschwinden. Die zu (11.13a) analogen Gleichungen lauten

$$\frac{dM_x}{dt} = \gamma(\boldsymbol{M}\times\boldsymbol{H})_x - M_x/T_2, \qquad (11.13\,b)$$

$$\frac{dM_y}{dt} = \gamma(\boldsymbol{M}\times\boldsymbol{H})_y - M_y/T_2 \qquad (11.13\,c)$$

mit der transversalen Relaxationszeit $T_2$ (auch Spin-Spin-Relaxationszeit genannt). Das Gleichungssystem (11.13) wird auch als System der Blochschen Gleichungen bezeichnet. Es soll noch betont werden, daß die Blochschen Gleichungen keine exakten, sondern nur phänomenologische Gleichungen sind.

Wendet man diese Gleichungen auf die freie Präzession eines Spinsystems in einem statischen Magnetfeld $H_0$ an, so lauten sie

$$\frac{dM_x}{dt} = \gamma H_0 M_y - M_x/T_2, \qquad \frac{dM_y}{dt} = -\gamma H_0 M_x - M_y/T_2, \qquad \frac{dM_z}{dt} = 0. \qquad (11.14)$$

Mit dem Lösungsansatz

$$M_x = m\cos\omega t\, e^{-t/T}, \qquad M_y = -m\sin\omega t\, e^{-t/T} \qquad (11.15)$$

erhält man aus der Gleichung für $M_x$

$$T = T_2 \quad \text{und} \quad \omega = \omega_0 = \gamma H_0. \tag{11.16}$$

Die Resonanzexperimente werden so durchgeführt, daß man die Probe in ein statisches und ein im allgemeinen dazu senkrechtes hochfrequentes Magnetfeld bringt (s. Abb. 11.1). Das Hochfre-

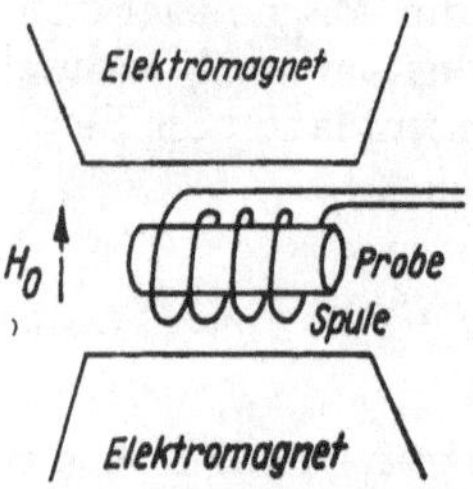


Abb. 11.1. Schema für magnetische Resonanzexperimente. Der Elektromagnet liefert das statische Magnetfeld $\boldsymbol{H}_0$, die Spule das HF-Feld

quenzfeld erzeugt Übergänge zwischen den diskreten Niveaus, die die Kernspins im statischen Magnetfeld annehmen. Experimentell werden die Bedingungen für eine Resonanz dadurch eingestellt, daß man entweder die Frequenz des Hochfrequenzfeldes oder die statische Feldstärke $H_0$ variiert. Gleichzeitig mißt man die durch die zeitliche Änderung der Magnetisierung in einer Spule induzierte Spannung, die an der Resonanzstelle maximal ist (Kerninduktion), oder man mißt die durch die umklappenden Momente absorbierte Energie (Kernresonanzabsorption).

Die Blochschen Gleichungen sind im allgemeinen nur unter Schwierigkeiten zu lösen, es geht aber einfach in dem Grenzfall, daß $\omega$ oder $H_0$ so langsam geändert werden, daß sich das System immer im thermischen Gleichgewicht befindet, daß also $\mathrm{d}M_z/\mathrm{d}t = 0$ ist. Man rechnet komplex, geht zu $m = M_x + iM_y$ über und erhält aus den Gleichungen (11.13) mit $\boldsymbol{H} = (H_1 \cos \omega t, -H_1 \sin \omega t, H_0)$, $H_0 \gg H_1$ und $\omega_0 = \gamma H_0$, $\omega_1 = \gamma H_1$

$$\begin{aligned} \frac{\mathrm{d}m}{\mathrm{d}t} &= -i\omega_0 m + i\omega_1 M_z \,\mathrm{e}^{-i\omega t} - m/T_2, \\ 0 &= i\,\frac{\omega_1}{2}\left(m\,\mathrm{e}^{i\omega t} - m^*\,\mathrm{e}^{-i\omega t}\right) - (M_z - M_0)/T_1. \end{aligned} \tag{11.17}$$

Mit dem Lösungsansatz $m = m_0 \exp(-i\omega t)$ erhält man explizite Ausdrücke für $m_0$ und $M_z$:

$$m_0 = \frac{i\omega_1 M_z T_2}{1 + i(\omega_0 - \omega)\, T_2}, \quad M_z = M_0\, \frac{1 + (\omega - \omega_0)^2\, T_2^2}{1 + (\omega - \omega_0)^2\, T_2^2 + T_1 T_2 \omega_1^2}. \tag{11.18}$$

An dem Ausdruck für $m_0$ sieht man deutlich den Resonanzcharakter. Mit dieser Lösung kann man die dem äußeren Feld pro Zeiteinheit entzogene Energie berechnen; wenn sich die Magnetisierung gemäß $\mathrm{d}M/\mathrm{d}t$ ändert, geschieht diese Berechnung mit Hilfe des Ausdruckes $(\boldsymbol{H}\, \mathrm{d}\boldsymbol{M}/\mathrm{d}t)$, gemittelt über ein Zeitintervall $2\pi/\omega$. Die vom Feld geleistete Arbeit wird dann

$$A(\omega) = \frac{\omega\omega_0 H^2{}_1 T_2 \chi}{1 + (\omega - \omega_0)^2\, T_2^2 + T_1 T_2 \omega_1^2}. \tag{11.19}$$

Man erhält also eine Resonanzlinie mit einem Maximum bei $\omega = \omega_0$ Bei $H_0 \gg H_1$ und $\omega_0 T_2 \gg 1$ hat sie die Höhe

$$A_{\max} = \frac{\omega_0^2 H_1^2 T_2 \chi}{1 + T_1 T_2 \omega_1^2} \tag{11.20}$$

und die Halbwertsbreite

$$|\Delta\omega| = \frac{\sqrt{1 + \omega_1^2 T_1 T_2}}{T_2}. \tag{11.21}$$

Aus Resonanzmessungen lassen sich daher die Relaxationszeiten bestimmen. Wegen weiterer Einzelheiten sei auf die Spezialliteratur über die magnetische Kernresonanz verwiesen.

## *11.2. Ferromagnetische Resonanz*

Bei der Resonanz in stark magnetischen Stoffen treten Besonderheiten auf, die am Beispiel der ferromagnetischen Resonanz erklärt werden. Eine Besonderheit ist, daß man es nicht mit einzelnen Spins zu tun hat, sondern mit einem Kollektiv von Spins, die durch die Austauschwechselwirkung miteinander gekoppelt sind. Man betrachtet eine ferromagnetische Probe mit endlichen Dimensionen (etwa in Form eines dreiachsigen Ellipsoids). Sie soll sich in einem konstanten Magnetfeld $\boldsymbol{H}_0$ in Richtung einer der Ellipsoidachsen befinden, diese Achse möge die $z$-Achse eines Koordinatensystems sein. Neben dem statischen Feld wirkt auch noch ein Hochfrequenzfeld $\boldsymbol{h}$ mit der Frequenz $\omega$ und dem Wellenzahlvektor $\boldsymbol{k}$ ein. Unter den üblichen Bedingungen ist aber die Wellenlänge $\lambda$ dieses Feldes viel größer als der Probendurchmesser $l (kl \ll 1)$, so daß man das Feld innerhalb der Probe als homogen betrachten kann. Dementsprechend sind auch die durch das Feld $\boldsymbol{h}$ verursachten Schwingungen der Magnetisierung $\boldsymbol{M}$ im allgemeinen räumlich homogen.

Grundlage für eine Diskussion der ferromagnetischen Resonanz bildet die sogenannte LANDAU-LIFSCHITZ-Gleichung

$$\frac{\mathrm{d}\boldsymbol{M}(t)}{\mathrm{d}t} = -\gamma[\boldsymbol{M}(t) \times \boldsymbol{H}_{\mathrm{eff}}(t)], \tag{11.22}$$

die ähnlich der Bewegungsgleichung (11.7) ist. Das Minuszeichen bei $\gamma$ rührt daher, daß jetzt der Drehimpuls von Elektronen betrachtet wird, bei ihnen sind daher Drehimpuls und magnetisches Moment antiparallel. Außerdem ist das Feld $\boldsymbol{H}$ durch ein effektives Magnetfeld $\boldsymbol{H}_{\mathrm{eff}}$ ersetzt. Man kann es definieren als die Funktionalableitung der Energie des Ferromagneten nach der Magnetisierung, die Energie setzt sich zusammen aus den Beiträgen der äußeren Felder, der Austauschenergie, der Anisotropieenergie und der Entmagnetisierungsenergie (bei einer endlichen Probe).

Bei einem Ferromagneten wirkt sich die Austauschwechselwirkung nicht unmittelbar auf die Magnetisierungsschwingungen aus, denn das durch diese Wechselwirkung verursachte effektive Feld ist proportional zu $\boldsymbol{M}$ und fällt deshalb aus (11.22) ganz heraus. Physikalisch kann man das so erklären, daß bei den betrachteten Magnetisierungsschwingungen die kollineare Anordnung der magnetischen Momente nicht verletzt wird und daher auch keine Änderung der Austauschenergie verursacht wird. Der Einfachheit halber soll auch der Anisotropiebeitrag zu $\boldsymbol{H}_{\mathrm{eff}}$ vernachlässigt werden. Dann kann man für das effektive Feld

$$\boldsymbol{H}_{\mathrm{eff}} = \boldsymbol{H}_0 + \boldsymbol{h}\,\mathrm{e}^{i\omega t} - \frac{1}{\mu_0}\,\tilde{\mathrm{N}}\boldsymbol{M} \tag{11.23}$$

ansetzen. $\tilde{\mathrm{N}}$ ist dabei der Tensor der Entmagnetisierungsfaktoren. Im allgemeinen ist das von diesem Tensor beschriebene Entmagnetisierungsfeld nicht homogen, weil $\tilde{\mathrm{N}}$ von den Koordinaten abhängt. Für Ellipsoide ist es aber homogen, dann ist der Tensor $\tilde{\mathrm{N}}$ diagonal mit den drei Komponenten $\tilde{N}_{xx} = N_x$, $\tilde{N}_{yy} = N_y$, $\tilde{N}_{zz} = N_z$, die der Bedingung

$$N_x + N_y + N_z = 1 \tag{11.24}$$

genügen.

Als Lösungsansatz für die LANDAU-LIFSCHITZ-Gleichung nimmt man

$$\boldsymbol{M} = \boldsymbol{M}_0 + \boldsymbol{m}\, e^{i\omega t}. \tag{11.25}$$

Dabei bedeuten $\boldsymbol{M}_0$ die Sättigungsmagnetisierung (die auch in die $z$-Richtung zeigt) und $\boldsymbol{m}$ die Amplitude der Magnetisierungsschwingungen. (11.22) ist in den Komponenten von $\boldsymbol{m}$ nichtlinear. Die einfachste Näherungslösung erhält man, wenn man bei kleinen Magnetisierungsschwingungen ($\boldsymbol{m} \ll \boldsymbol{M}_0$, $\boldsymbol{h} \ll H_0$) die Gleichung in den Variablen $\boldsymbol{h}$ und $\boldsymbol{m}$ linearisiert. Dann ergibt sich das folgende Gleichungssystem:

$$\begin{aligned} i\omega m_x + \gamma \left[H_0 - \frac{M_0}{\mu_0}(N_z - N_y)\right] m_y &= \gamma M_0 h_y, \\ -i\omega m_y + \gamma \left[H_0 - \frac{M_0}{\mu_0}(N_z - N_x)\right] m_x &= \gamma M_0 h_x. \end{aligned} \tag{11.26}$$

In dem Spezialfall der freien Magnetisierungsschwingungen ohne äußeres Hochfrequenzfeld erhält man für die Resonanzfrequenz

$$\omega_0^2 = \gamma^2[H_0 - M_0(N_z - N_y)/\mu_0]\,[H_0 - M_0(N_z - N_x)/\mu_0]. \tag{11.27}$$

Für den Grenzfall des unendlich ausgedehnten Mediums ergibt sich $\omega_0 = \gamma H_0$, wie zu erwarten war. Weitere einfache Spezialfälle eines allgemeinen Ellipsoids sind

das Rotationsellipsoid ($N_x = N_y$): $\omega_0 = \gamma[H_0 - M_0(N_z - N_x)/\mu_0]$,

die Kugel ($N_x = N_y = N_z = 1/3$): $\omega_0 = \gamma H_0$,

eine Scheibe in der $xy$-Ebene ($N_x = N_y = 0$, $N_z = 1$):

$$\omega_0 = \gamma(H_0 - M_0/\mu_0),$$

ein langer, dünner Zylinder senkrecht zum Feld $H_0$ ($N_x = N_z = 1/2$, $N_y = 0$): $\omega_0 = \gamma[H_0(H_0 - M_0/2\mu_0)]^{1/2}$,

ein langer, dünner Zylinder parallel zum Feld $H_0$ ($N_z = 0$, $N_x = N_y = 1/2$): $\omega_0 = \gamma[H_0 + M_0/2\mu_0]$. (11.28)

In den meisten Fällen kann man im Resonanzfall die Bewegungsgleichungen in der Form

$$\begin{aligned} im_x + m_y &= 0, \\ m_x - im_y &= 0 \end{aligned} \tag{11.29}$$

schreiben, d. h., die Amplituden $m_x$ und $m_y$ sind betragsmäßig gleich und um $\pi/2$ in der Phase verschoben. Der Vektor $\boldsymbol{M}$ präzediert also mit der Winkelfrequenz $\omega_0$ um den Vektor $\boldsymbol{H}_0$, man spricht auch von der homogenen Präzession (s. Abb. 11.2). Sie kann als Grenzfall der Spinwellen mit unendlich großer Wellenlänge betrachtet werden.

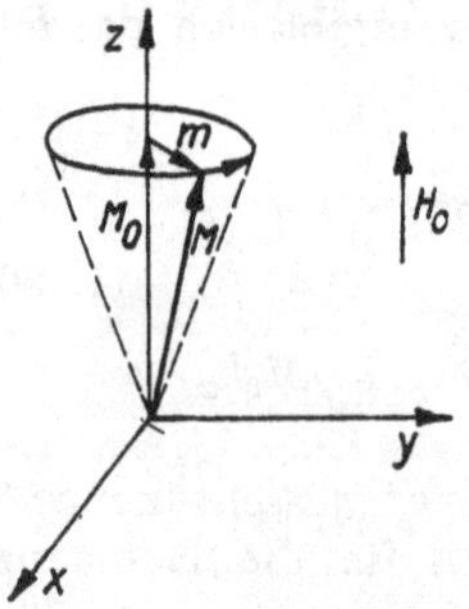


Abb. 11.2. Präzession der Magnetisierung $\boldsymbol{M}$ in einem äußeren Magnetfeld $\boldsymbol{H}_0$

Im Fall der erzwungenen Schwingungen in einem Hochfrequenzfeld $\boldsymbol{h}$ kann man das Gleichungssystem (11.26) auflösen und die Lösungen in der Matrixform

$$\begin{pmatrix} m_x \\ m_y \\ m_z \end{pmatrix} = \mu_0 \begin{pmatrix} \chi_{xx} & i\chi_{xy} & 0 \\ i\chi_{yx} & \chi_{yy} & 0 \\ 0 & 0 & \chi_{zz} \end{pmatrix} \begin{pmatrix} h_x \\ h_y \\ h_z \end{pmatrix} \tag{11.30}$$

schreiben. $\chi_{ik}$ ist der Tensor der hochfrequenten magnetischen Suszeptibilität mit den Komponenten

$$\begin{aligned} \chi_{xx} &= \gamma^2 M_0[H_0 - M_0(N_z - N_y)/\mu_0]/(\omega_0^2 - \omega^2), \\ \chi_{yy} &= \gamma^2 M_0[H_0 - M_0(N_z - N_x)/\mu_0]/(\omega_0^2 - \omega^2), \\ \chi_{xy} &= -\chi_{yx} = \gamma M_0 \omega/(\omega_0^2 - \omega^2). \end{aligned} \tag{11.31}$$

In den Spezialfällen des Ellipsoids, der Kugel und der zum Magnetfeld senkrechten Scheibe erhält man im Resonanzfall für $\chi_{xx}$ und $\chi_{yy}$ einfache Ausdrücke. Mit deren Hilfe wird das System der Bewegungsgleichungen sehr einfach. Wenn man zu den neuen Variablen

$$m^{\pm} = m_x \pm i m_y, \qquad h^{\pm} = h_x \pm i h_y \tag{11.32}$$

übergeht, bekommt man die Lösung

$$m^+ = \frac{\gamma M_0}{\omega_0 - \omega} h^+ = \chi_+ h^+, \qquad m^- = \frac{\gamma M_0}{\omega_0 + \omega} h^- = \chi_- h^-. \tag{11.33}$$

Ein Hochfrequenzfeld $\boldsymbol{h}$ mit rechts- bzw. links-zirkularer Polarisation ruft also erzwungene Magnetisierungsschwingungen mit ebenfalls rechts- oder links-zirkulierender Polarisation hervor. Man spricht daher auch von einem gyrotropen Medium.

Die Anregung von $m^-$ hängt bei $\omega \approx \omega_0$ schwach von $\omega$ ab, während die Anregung von $m^+$ Resonanzcharakter hat. Der Winkel zwischen $\boldsymbol{M}$ und $\boldsymbol{H}_0$ (der Präzessionswinkel) wächst dann stark an und nähert sich dem Wert $\alpha = \pi/2$. Das führt zur Resonanzabsorption der Energie des hochfrequenten Feldes.

Bisher wurde die Dämpfung vernachlässigt. Wenn man die Linienform und -breite der Resonanz diskutieren will, muß man die Dämpfung bzw. Relaxation natürlich mit in Betracht ziehen. Das kann z. B. mit Hilfe der BLOCH-BLOEMBERGEN-Gleichung

$$\frac{\mathrm{d}\boldsymbol{M}(t)}{\mathrm{d}t} = -\gamma[\boldsymbol{M} \times \boldsymbol{H}_{\text{eff}}] - \frac{M_x + M_y}{T_2} - \frac{M_z - M_0}{T_1} \tag{11.34}$$

geschehen, einer Kombination von LANDAU-LIFSCHITZ-Gleichung und BLOCH-Gleichung. Dabei bleibt der Betrag von $\boldsymbol{M}$ nicht mehr konstant. Eine andere Möglichkeit, die Dämpfung einzubeziehen, besteht darin, in der LANDAU-LIFSCHITZ-Gleichung (11.22) in dem effektiven Feld ein Glied $-\alpha\dot{\boldsymbol{M}}/\gamma M$ zu ergänzen, das proportional zur Magnetisierungsänderung und entgegengesetzt gerichtet ist. Dann wird das $\dot{\boldsymbol{M}}$ durch die ursprüngliche LANDAU-LIFSCHITZ-Gleichung ersetzt, man erhält insgesamt

$$\frac{\mathrm{d}\boldsymbol{M}(t)}{\mathrm{d}t} = -\gamma \left\{[\boldsymbol{M} \times \boldsymbol{H}_{\text{eff}}] + \frac{\alpha}{M} \boldsymbol{M} \times [\boldsymbol{M} \times \boldsymbol{H}_{\text{eff}}]\right\}. \tag{11.35}$$

Die oben angegebenen Rechnungen kann man wiederholen

und erhält

$$\chi_\pm = \gamma M_0 \frac{\omega_0 \mp \omega}{(\omega_0 \mp \omega)^2 + (\alpha\omega)^2} - i\gamma M_0 \frac{\alpha\omega}{(\omega_0 \mp \omega)^2 + (\alpha\omega)^2}$$

$$= \chi'_\pm - i\chi''_\pm . \tag{11.36}$$

$\chi'_\pm$ bestimmt die Dispersion der Suszeptibilität, $\chi''_\pm$ die Absorption der Energie des Hochfrequenzfeldes. Man erhält den Verlauf, der in Abb. 11.3 dargestellt ist. Die Höhe des Maximums von $\chi''_+$ beträgt $\chi''_+(\omega_0) = \gamma M_0/\alpha\omega_0$ und die Linienbreite $\Delta\omega \approx 2\alpha\omega_0$.

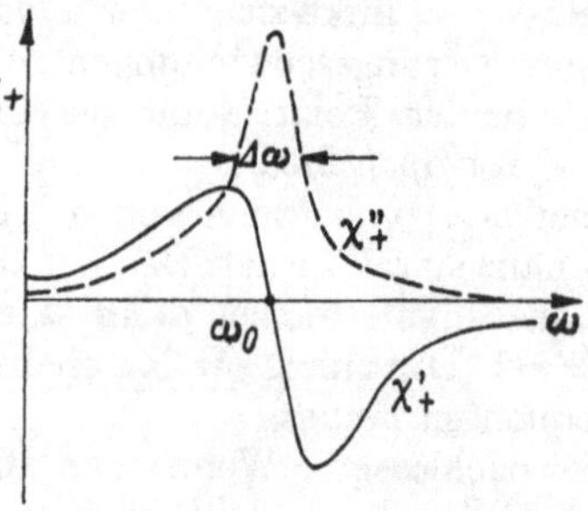


Abb. 11.3. Frequenzabhängigkeiten des Realteils $\chi'_+$ und des Imaginärteils $\chi''_+$ der Hochfrequenzsuszeptibilität in der Nähe der Resonanzfrequenz $\omega_0$

Die ferromagnetische Resonanz, die 1946 erstmals von GRIFFITHS experimentell untersucht wurde, findet man im Dezimeter- und Zentimeterbereich des elektromagnetischen Spektrums, d. h. bei Frequenzen von $\omega \approx 10^9$ bis $10^{10}$ Hz. Die Experimente werden üblicherweise bei konstanter Frequenz durchgeführt, und die Absorptionslinien werden durch Variation der äußeren Feldstärke $H_0$ aufgenommen. Die Linien sind teilweise sehr schmal, bis herunter zu einer Größenordnung von 8 A/m (das entspricht 0,1 Oe). Aus den Messungen kann man $\gamma$ und daraus den $g$-Faktor bestimmen. Für metallisches Eisen, Cobalt und Nickel erhielt man 2,10, 2,18 bzw. 2,21.

Um ein Gefühl für die Größenordnungen zu vermitteln, sollen einige repräsentative Werte für das Resonanzfeld $H_r$ angegeben werden. Man findet für Eisen bei einer Frequenz von $10^{10}$ Hz (d. h. $\lambda = 3$ cm) für eine Kugel $H_r = 2{,}84 \cdot 10^4$ A/m, für eine

Scheibe senkrecht zum statischen Feld $H_r = 1{,}909 \cdot 10^6$ A/m, für einen Zylinder senkrecht zum Feld $H_r = 9{,}947 \cdot 10^5$ A/m, für einen Zylinder parallel zum Feld $H_r = 8{,}515 \cdot 10^5$ A/m.

### 11.3. Antiferromagnetische und ferrimagnetische Resonanz

Das Vorgehen bei magnetischen Stoffen mit mehreren Untergittern ist analog. Um die Resonanzfrequenzen zu bestimmen, muß man nun aber ein System von $n$ Vektorgleichungen des Typs (11.22) bei einem Stoff mit $n$ Untergittern lösen. Als einfachstes Beispiel wird ein Antiferromagnetikum mit zwei Untergittern mit einer einachsigen Anisotropie vom Typ der „leichten Achse" behandelt. Ohne Dämpfung lautet das System der Bewegungsgleichungen

$$\frac{\mathrm{d}\boldsymbol{M}_1(t)}{\mathrm{d}t} = -\gamma[\boldsymbol{M}_1 \times \boldsymbol{H}_{1\mathrm{eff}}],$$
$$\frac{\mathrm{d}\boldsymbol{M}_2(t)}{\mathrm{d}t} = -\gamma[\boldsymbol{M}_2 \times \boldsymbol{H}_{2\mathrm{eff}}]. \tag{11.37}$$

Um die effektiven Felder zu bestimmen, muß die Energie dieses Systems zunächst aufgeschrieben werden. Läßt man den Beitrag der Austauschenergie, der mit inhomogenen Magnetisierungsverteilungen zusammenhängt, weg, so erhält man folgende Summe von skalaren Größen, aufgebaut aus den Magnetisierungs- und Feldvektoren:

$$E = \alpha(\boldsymbol{M}_1{}^2 + \boldsymbol{M}_2{}^2) + \delta \boldsymbol{M}_1\boldsymbol{M}_2 + \beta(M_{1z}^2 + M_{2z}^2) - (\boldsymbol{M}_1 + \boldsymbol{M}_2)\,\boldsymbol{H}. \tag{11.38}$$

Die Größe $\alpha$ hängt mit dem Austauschintegral innerhalb der Untergitter, die Größe $\delta$ mit dem Austausch zwischen den Untergittern zusammen, $\beta$ beschreibt die Anisotropie, das letzte Glied ist die Energie des Systems im äußeren Feld, die ZEEMAN-Energie. Bei $\beta < 0$ zeigen die Untergittermagnetisierungen $\boldsymbol{M}_1$ und $\boldsymbol{M}_2$ in die positive bzw. negative $z$-Richtung, das äußere Feld zeige auch in $z$-Richtung. Das hochfrequente Feld wirke in der $xy$-Ebene. Dann erhält man für die effektiven Felder:

$$H_{1\mathrm{eff}} = H_0 - \delta M_2 - 2\beta M_{1z} + h\,\mathrm{e}^{i\omega t},$$
$$H_{2\mathrm{eff}} = H_0 - \delta M_1 - 2\beta M_{2z} + h\,\mathrm{e}^{i\omega t}. \tag{11.39}$$

Die Bewegungsgleichungen werden in der linearisierten Näherung (d. h. mit $M_{1z} = -M_{2z} = M_0$) und mit den Abkürzungen

$H_E = \delta M$ (Austauschfeld) und $H_A = -2\beta M_0$ (Anisotropiefeld) gelöst. Dabei benutzt man den einleuchtenden Lösungsansatz

$$\begin{aligned} M_{1x} &= m_{1x}\,e^{i\omega t}, & M_{2x} &= m_{2x}\,e^{i\omega t}, \\ M_{1y} &= m_{1y}\,e^{i\omega t}, & M_{2y} &= m_{2y}\,e^{i\omega t}, \\ M_{1z} &= M_0, & M_{2z} &= -M_0, \end{aligned} \tag{11.40}$$

geht zu komplexen Größen $m_1{}^{\pm} = m_{1x} \pm i m_{1y}$, $m_2{}^{\pm} = m_{2x} \pm i m_{2y}$ über und erhält die Gleichungen

$$\begin{aligned} &[\omega \pm \gamma(H_0 + H_E + H_A)]\, m_1{}^{\pm} \mp \gamma H_E m_2{}^{\pm} = \mp \gamma M_0 h^{\pm}, \\ &\pm\gamma H_E m_1{}^{\pm} + [\omega \mp \gamma(H_0 - H_E - H_A)]\, m_2{}^{\pm} = \pm\gamma M_0 h^{\pm}. \end{aligned} \tag{11.41}$$

Für die freien Magnetisierungsschwingungen erhält man die zwei Frequenzen

$$\omega_{1/2} = \omega_{\pm} = \gamma\sqrt{2H_A H_E \pm H_A{}^2} \pm \gamma H_0 \approx \gamma(H_C \pm H_0) \tag{11.42}$$

mit der Abkürzung $H_C = (2H_A H_E)^{1/2}$.

Es gibt also zwei Schwingungszweige, deren Frequenzen bei verschwindendem äußeren Feld zusammenfallen, also entartet sind. Das äußere Feld hebt die Entartung auf, wobei die Energie eines Zweiges linear mit dem Feld anwächst, die des anderen linear abnimmt und bei $H_0 = H_C$ verschwindet. Bei dieser Feldstärke ändert sich aber die Spinstruktur (spin flop), dann gilt die hier behandelte Theorie nicht mehr.

Aus (11.41) folgt, daß den zwei Schwingungszweigen zirkular polarisierte Schwingungen entsprechen, wobei das Verhältnis der Amplituden der Untergitterschwingungen gegeben ist durch

$$\begin{aligned} m_2{}^{+}/m_1{}^{+} &= -(H_C - H_A)/(H_C + H_A) \approx -(1 - 2H_A/H_C), \\ m_2{}^{-}/m_1{}^{-} &= -(H_C + H_A)/(H_C - H_A) \approx -(1 + 2H_A/H_C). \end{aligned} \tag{11.43}$$

Bei dem Typ $m^+$ ist $m_1$ betragsmäßig größer als $m_2$, beim Typ $m^-$ ist es umgekehrt (s. Abb. 11.4). Bei der antiferromagnetischen Resonanz wird die strenge Antiparallelität der Untergittermagnetisierungen leicht gestört.

Alle weiteren Betrachtungen, so die Diskussion der durch ein äußeres Feld $\boldsymbol{h}$ erzwungenen Schwingungen, die Einbeziehung der Dämpfung und dgl. mehr, gehen analog zu denen, die bei der ferro-

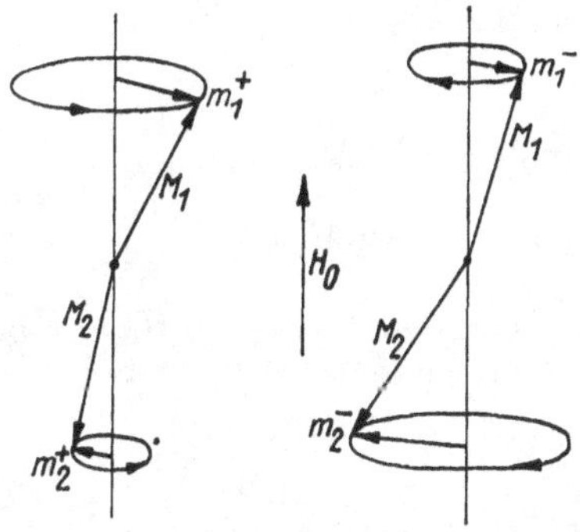


Abb. 11.4. Präzession der Untergittermagnetisierungen $\boldsymbol{M}_1$ und $\boldsymbol{M}_2$ eines einachsigen Antiferromagneten in einem zur Achse parallelen Feld $\boldsymbol{H}_0$

magnetischen Resonanz durchgeführt wurden. Numerische Abschätzungen ergeben, daß die für die antiferromagnetische Resonanz erforderlichen Frequenzen die Größenordnung $10^{11}$ Hz haben, also höher als bei der ferromagnetischen Resonanz sind. Es handelt sich dann schon um das Millimeter- und Submillimetergebiet.

Aus experimentellen Daten der antiferromagnetischen Resonanz kann man Aussagen über das Austausch- und das Anisotropiefeld, auch über die Temperaturabhängigkeit solcher Größen bekommen. Besonders gut untersuchte Stoffe sind die Fluoride $CoF_2$, $MnF_2$, $NiF_2$ und Oxide wie MnO, NiO, $Cr_2O_3$.

Durch die Behandlung der Antiferromagnetika ist auch der Weg vorgezeichnet, auf dem die Ferrimagnetika zu behandeln sind. Wegen der Nichtäquivalenz der Untergitter ist zu beachten, daß die Anisotropiekonstanten und die gyromagnetischen Verhältnisse der Untergitter unterschiedlich sind. Dadurch erhöht sich die Zahl der Konstanten in dem Energieausdruck, etwa für einen Ferrimagneten mit zwei Untergittern und einer Anisotropie vom Typ der leichten Achse:

$$E = \alpha_1 \boldsymbol{M}_1^2 + \alpha_2 \boldsymbol{M}_2^2 + \delta \boldsymbol{M}_1 \boldsymbol{M}_2 + \beta_1 M_{1z}^2 + \beta_2 M_{2z}^2 - (\boldsymbol{M}_1 + \boldsymbol{M}_2)\,\boldsymbol{H}. \tag{11.44}$$

Mit Hilfe der üblichen linearisierten Näherung und der Abkürzungen $H_{1\mathrm{E}} = \delta M_{02}$, $H_{2\mathrm{E}} = \delta M_{01}$ für die Austauschfelder und

$H_{1A} = -2\beta_1 M_{01}$ und $H_{2A} = -2\beta_2 M_{02}$ erhält man das folgende System von Bewegungsgleichungen:

$$\begin{aligned} (\omega \pm \omega_1)\, m_1{}^{\pm} \mp \gamma_1 H_{2E} m_2{}^{\pm} &= \mp \gamma_1 M_{01} h^{\pm}, \\ \pm \gamma_2 H_{1E} m_1{}^{\pm} + (\omega \mp \omega_2)\, m_2{}^{\pm} &= \pm \gamma_2 M_{02} h^{\pm}, \end{aligned} \tag{11.45}$$

wobei weiterhin $\omega_1 = \gamma_1 (H_0 + H_{1E} + H_{1A})$, $\omega_2 = \gamma_2 (H_0 - H_{2E} - H_{2A})$ verwendet wurde. Für die Frequenzen der freien Schwingungen erhält man

$$\begin{aligned} \omega_+ &= \frac{\omega_1 + \omega_2}{2} \pm \left[\frac{1}{4} (\omega_1 - \omega_2)^2 - \omega_{1E}\omega_{2E}\right]^{1/2}, \\ \omega_- &= -\frac{\omega_1 + \omega_2}{2} \pm \left[\frac{1}{4} (\omega_1 - \omega_2)^2 - \omega_{1E}\omega_{2E}\right]^{1/2} \end{aligned} \tag{11.46}$$

bzw. nach einfachen Umformungen

$$\begin{aligned} \omega_+ &= \gamma_{\text{eff}} (H_0 + H_{\text{Aeff}}), \\ \omega_- &= \omega_{2E} - \omega_{1E} = \delta(\gamma_2 M_{01} - \gamma_1 M_{02}) \end{aligned} \tag{11.47}$$

mit den effektiven Größen

$$\gamma_{\text{eff}} = \frac{M_{01} - M_{02}}{\dfrac{M_{01}}{\gamma_1} - \dfrac{M_{02}}{\gamma_2}}, \qquad H_{\text{Aeff}} = \frac{M_{01} H_{1A} + M_{02} H_{2A}}{M_{01} - M_{02}}. \tag{11.48}$$

Man bekommt wieder zwei Schwingungszweige. Der Zweig mit der niedrigen Frequenz ($\omega_+$) ist analog der Anregung bei der ferromagnetischen Resonanz, seine Frequenz hängt genauso vom äußeren Feld ab wie im ferromagnetischen Fall. Man nennt ihn daher auch ferromagnetischen Zweig. Der zweite Zweig, dessen Frequenz $\omega_-$ unabhängig von dem Magnetfeld und von der Größenordnung $10^{12}$ Hz oder noch größer ist, wird von dem Austauschmechanismus bestimmt. Man nennt diesen Zweig daher auch Austauschzweig. Die entsprechenden Präzessionskegel sind in Abb. 11.5 dargestellt. Es sei noch darauf hingewiesen, daß bei dem niederfrequenten Zweig die Untergittermagnetisierungen streng antiparallel bleiben. Auf die Besonderheiten, die am Kompensationspunkt auftreten, und auf weitere Einzelheiten kann nicht eingegangen werden, es sei wieder auf die Spezialliteratur verwiesen.

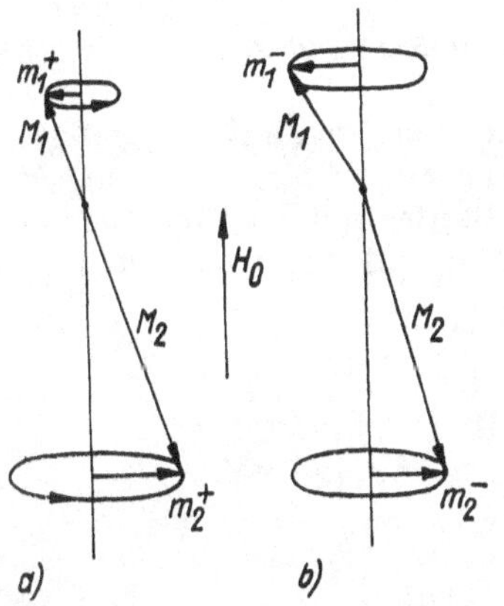


Abb. 11.5. Präzession der Untergittermagnetisierungen $\boldsymbol{M}_1$ und $\boldsymbol{M}_2$ eines Ferrimagneten a) im ferromagnetischen und b) im Austauschzweig

## 12. Magnetische Werkstoffe und ihre Anwendungen

Die heutige Elektrotechnik und Elektronik benötigt eine Vielzahl hochentwickelter magnetischer Werkstoffe, so in Generatoren, Transformatoren, Motoren, Lautsprechern, Übertragern sowie in Band-, Trommel- und Ringkernspeichern, um nur einige Beispiele zu nennen. Wegen der geforderten magnetischen Eigenschaften können das allerdings nur Vertreter aus den Gruppen der Ferro- oder Ferrimagnetika sein. Entscheidend für die technische Verwendungsmöglichkeit eines Materials sind gewisse Kenngrößen der Hystereseschleife. Daher wird zunächst das Magnetisierungs- und Ummagnetisierungsverhalten, das zur Hystereseschleife (auch technische Magnetisierungskurve genannt) führt, behandelt. Welchen großen Einfluß die verschiedensten Arten von Störungen des Kristallgitters auf den Ummagnetisierungsprozeß ausüben können, wird am Beispiel der Koerzitivfeldstärke gezeigt. Daran schließt sich eine kurze Übersicht über die drei bedeutendsten Werkstoffgruppen — weichmagnetische, hartmagnetische und Speicher-Werkstoffe — an. Leser, die sich für die technische und technologische Seite des Magnetismus stärker interessieren, finden darüber mehr in solchen Werken wie z. B. von Bozorth, Wohlfarth, Heck und Reinboth.

## 12.1. Hystereseschleife und magnetische Kenngrößen

Die Abhängigkeit der in Richtung eines von außen angelegten Magnetfeldes $H$ gemessenen Komponente der Magnetisierung $M_H$ eines ferro- oder ferrimagnetischen Stoffes von der Größe und der Richtung des Magnetfeldes zeigt Abb. 12.1. Geht man vom ent-

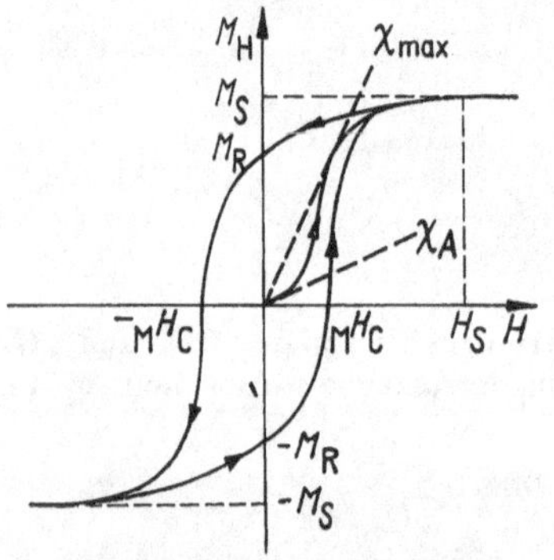


Abb. 12.1. Magnetisierungskurve und Hystereseschleife mit den wichtigsten Bestimmungsgrößen

magnetisierten Zustand, der durch Erhitzen der Meßprobe auf $T > T_C$ und anschließendes Abkühlen ohne Magnetfeld erreichbar ist, aus, so durchläuft man zunächst dei bereits in Abb. 10.2 wiedergegebene Magnetisierungskurve, oft auch Neukurve genannt. Vom Sättigungsfeld $H_S$ an ändert sich die Magnetisierung nicht mehr, da sie ihren Sättigungswert $M_S$ erreicht hat. Zwei charakteristische Größen dieser Kurve sind die Anfangssuszeptibilität, das ist die Anfangssteigung, und die Maximalsuszeptibilität, das ist diejenige Tangente der Neukurve, die durch den Koordinatenursprung geht.

Nimmt die Feldstärke von der Sättigung wieder ab, so kehrt man nicht auf der Neukurve zurück, sondern durchläuft eine stets darüber liegende Kurve. Für $H = 0$ behält die Magnetisierung einen endlichen Wert, die Remanenz $M_R$. Erst in einem Gegenfeld sinkt die Magnetisierung wieder auf Null ab. Den Betrag des zu $M = 0$ gehörigen Gegenfeldes nennt man (Magnetisierungs-) Koerzitivfeldstärke $_MH_C$. Im weiter zunehmenden Gegenfeld wird die Probe dann in umgekehrter Richtung gesättigt ($-M_S$). In analoger Weise gelangt man zurück zu $+M_S$, so daß man eine aus zwei zum Koordinatenursprung symmetrischen Ästen bestehende, geschlossene Kurve erhält, die man als Hysteresekurve oder -schleife bezeichnet. Sie wird, zumindest nach einigen wenigen Zyklen, reproduzierbar durchlaufen. Da die Magnetisierung hinter dem Feld zurückbleibt, muß für einen vollen Durchlauf der Hystereseschleife Arbeit geleistet werden. Diese Arbeit ist gleich der von der Hystereschleife eingeschlossenen Fläche; man spricht hier meist von Hystereseverlusten.

Der Techniker bevorzugt die Darstellung der Hystereseschleife als $B_H$-$H$-Diagramm, da die Induktion $B$ die für die Anwendungen des Magnetismus interessantere Größe ist. Da $B$ und $M$ über die Beziehung $B = \mu_0 H + M$ eindeutig miteinander gekoppelt sind, ist eine Umrechnung der einen Kurve in die andere immer möglich. In der $B_H$-$H$-Darstellung lauten die charakteristischen Größen Anfangs- und Maximalpermeabilität $\mu_A$, $\mu_{max}$, Sättigungsinduktion $B_S$ und (Induktions-) Koerzitivfeldstärke ${}_BH_C$; wegen $H = 0$ sind die beiden Remanenzen $B_R$ und $M_R$ gleich.

Die der Magnetisierungs- und Neukurve zugrunde liegenden physikalischen Prozesse sind bereits in 10.1. (s. a. Abb. 10.2) erwähnt worden. Mit den reversiblen und besonders den irreversiblen Wandverschiebungen werden wir uns im folgenden Abschnitt noch näher befassen. Drehprozesse wurden in 8.3. am Beispiel einachsiger Materialien behandelt. Bleibt hier noch zu ergänzen, daß die Magnetisierung bei $T > 0$ K auch oberhalb $H_S$ noch ansteigt. Dieser sogenannte Paraprozeß ist normalerweise sehr klein, außer bei Temperaturen knapp unterhalb $T_C$; er rührt von einer Verbesserung der Ausrichtung der Spins gegen die Wirkung der thermischen Energie her.

Geht man mit dem Außenfeld von $H_S$ auf 0 zurück, so drehen sich die Magnetisierungsvektoren durch reversible Drehprozesse in die zur Richtung des vorher anliegenden Feldes benachbarten magnetischen Vorzugsachsen, so daß die Größe der Remanenz durch die Verteilung der magnetischen Vorzugsachsen in der Meßprobe gegeben ist. Sofern das magnetisch anisotrope Verhalten nur durch die magnetokristalline Anisotropie bestimmt ist, lassen sich $M_R/M_S$ leicht ermitteln. Für die kristallographischen Hauptrichtungen kubischer und einachsiger Kristalle mit $K_1 > 0$ sind solche Werte den Abbn. 8.3 und 8.4 zu entnehmen. Für polykristalline Proben erhält man unter der Voraussetzung, daß die Vorzugsachsen isotrop verteilt sind, für magnetisch einachsiges Material mit $K_1 > 0$ $M_R = 0{,}5\,M_S$, für kubisches Material mit $K_1 > 0$ $M_R = 0{,}832\,M_S$ und mit $K_1 < 0$ $M_R = 0{,}866 M_S$. Meist ist jedoch die Situation weniger übersichtlich, indem einerseits weitere Anisotropien, wie z. B. Spannungs- und Formanisotropie, eine bedeutende Rolle spielen, und andererseits durch Texturen die Verteilung der Vorzugsachsen geändert werden kann. Diese Vielfalt der Möglichkeiten bietet gerade dem Techniker die Chance, gewünschte Werte einzustellen.

Die weitere Verringerung der Magnetisierung $M_H$ durch Anlegen eines Gegenfeldes erfordert Neubildung von Bereichen, die entgegengesetzt zu ihrer Umgebung magnetisiert sind. Bei Zunahme des Gegenfeldes wachsen diese Bereiche durch irreversible Wandverschiebungen anfangs langsam, später sehr schnell auf Kosten der ungünstig magnetisierten Bereiche. Diese Wandververschiebungen gehen, wie BARKHAUSEN 1919 experimentell nachweisen konnte, sprunghaft vor sich; man bezeichnet sie daher auch als BARKHAUSEN-Sprünge. Wie die Form der Hystereseschleife erkennen läßt, führen große BARKHAUSEN-Sprünge durch $M_H = 0$ hindurch bis zu dem Gebiet, in dem durch reversible Drehprozesse der Zustand $M_H = -M_S$ erreicht wird.

### *12.2. Koerzitivfeldstärke*

Da die Koerzitivfeldstärke im wesentlichen die zur Magnetisierung eines Stoffes benötigte Feldstärke bestimmt und aus der Praxis bekannt ist, daß diese Koerzitivfeldstärke Werte über etwa sieben Zehnerpotenzen hinweg annehmen kann, ist ihre theoretische Behandlung für den Physiker wie für den Techniker von größtem Interesse. Zwei Mechanismen spielen dabei eine Rolle: irreversible Drehprozesse und irreversible Wandverschiebungen. Welcher der beiden überwiegt, hängt von den Störungsverhältnissen im Gitter sowie der magnetischen Anisotropie ab.

Im Falle reiner Drehprozesse setzt sich die Energie aus Feld- und Anisotropieanteil zusammen. Angenommen wird ein einachsiger Ferromagnet; die Vorzugsachse bilde den Winkel $\theta_0$, die Gleichgewichtslage des Magnetisierungsvektors den Winkel $\theta$ mit der Feldrichtung. Dann gilt

$$\frac{1}{V} E = \frac{1}{V} E_K + \frac{1}{V} E_H = K_u \sin^2 (\theta_0 - \theta) - HM_S \cos\theta . \quad (12.1)$$

Im Gleichgewicht muß

$$\frac{1}{V} \frac{\partial E}{\partial \theta} = -K_u \sin 2 (\theta_0 - \theta) + HM_S \sin\theta = 0 \quad (12.2)$$

und $(1/V)\,(\partial^2 E/\partial\theta^2) > 0$ sein. Berechnet man damit $M = M_S \cos\theta$ als Funktion von $H$, so erhält man die in Abb. 12.2 wiedergegebenen Kurven. Man sieht, daß die Koerzitivfeldstärke sehr stark von $\theta_0$ abhängt; sie hat ihren größten Wert bei $\theta_0 = 0$ mit $H_C = 2K_u/M_S$. $K_u$ braucht nicht von der magnetokristallinen Energie eines einachsigen Materials herzurühren, es kann ebensogut durch eine Spannungsanisotropie oder eine Formanisotropie gegeben

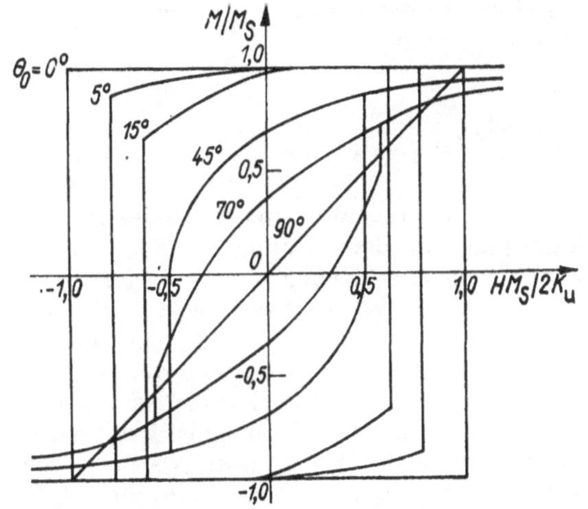


Abb. 12.2. Magnetisierungskurven von Stoffen mit einachsiger Anisotropie. Die senkrechten Linien kennzeichnen die irreversiblen Drehprozesse

sein. Betrachtet man ein Aggregat gleicher Teilchen mit isotroper Verteilung der Achsenrichtungen, so erhält man eine Hystereseschleife mit $M_R = M_S/2$ und $H_C = 0{,}96 K_u/M_S$. Mit Werten für $M_S \approx 1\ \mathrm{Vs\,m^{-2}}$ und $K_u \approx 10^4 \cdots 10^5\ \mathrm{J\,m^{-3}}$ errechnen sich $H_C$-Werte um $10^4 \cdots 10^5\ \mathrm{Am^{-1}}$. Das sind Werte, die an der oberen Grenze des experimentell ermittelten Wertebereichs liegen.

Die Wirkung von BLOCH-Wand-Verschiebungen soll am Beispiel der 180°-Wand diskutiert werden. Verschiebt man eine ebene 180°-Wand um die Strecke $\Delta x$ (s. Abb. 12.3), so ändert sich die Feldenergie um $2M_S H \cos\theta \cdot F\Delta x$. Im Gleichgewichtsfall muß diesem Betrag eine Änderung der Wandenergie um $\Delta E_W$ gegenüberstehen. Im Falle sehr kleiner Wandverschiebungen kann man auch

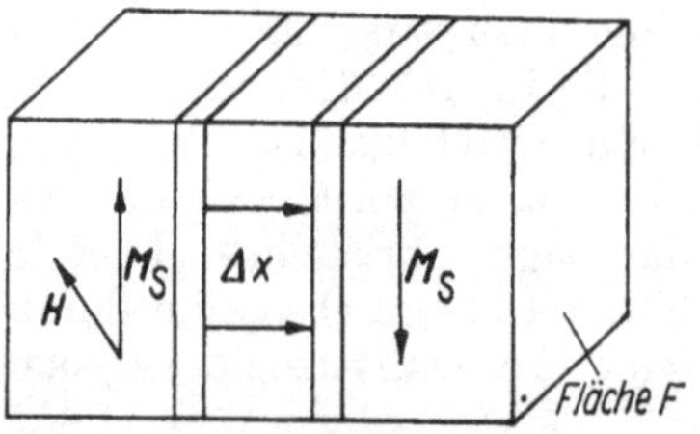


Abb. 12.3. Verschiebung einer 180°-Wand unter der Wirkung eines Feldes $H$

schreiben

$$\frac{1}{F}\frac{\partial E_W}{\partial x} = 2M_S H \cos\theta . \tag{12.3}$$

Ein angelegtes Magnetfeld bewirkt also eine Verschiebung der Wand um einen Betrag, der von der Steigung der $E_W(x)$-Kurve abhängt. Wie eine solche Wandverschiebung vonstatten geht, zeigt Abb. 12.4. Die Ausgangslage der Wand sei die Stelle 0. Bewirkt das Magnetfeld eine Verschiebung zu einer Stelle zwischen 0 und $A$, so ist diese reversibel, da bei Wegnahme des Feldes die Wand in die Ausgangslage zurückkehrt. Hat die Wand jedoch $A$ erreicht, bewegt sie sich spontan bis $E$. Diese Verschiebung ist irreversibel, da bei Wegnahme des Feldes die Wand nicht nach 0, sondern nur nach $D$ zurückkehrt. Eine weitere Erhöhung des Feldes führt dann zwischen $E$ und $F$ wieder zu einer reversiblen, bei $F$ wieder zu einer irreversiblen Wandverschiebung. Bei der größten Steigung der $E_W(x)$-Kurve durchläuft die Wand dann die ganze Probe; d. h.,

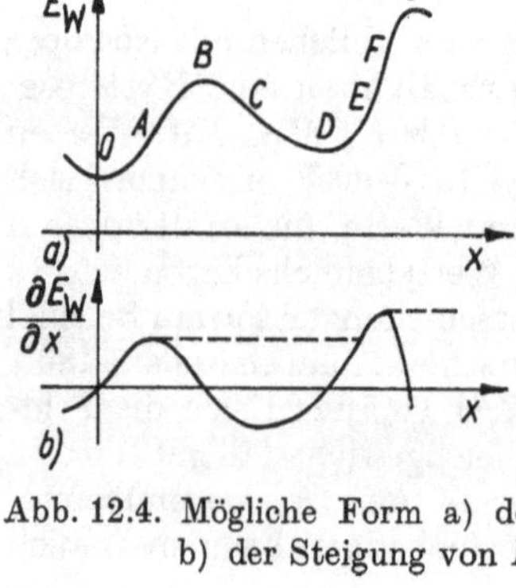


Abb. 12.4. Mögliche Form a) der Bloch-Wand-Energie $E_W$ und b) der Steigung von $E_W$ als Funktion von $x$

es erfolgt die völlige Ummagnetisierung. Daher kann man auch schreiben

$$H_C = \frac{1}{2M_S \cos\theta} \cdot \frac{1}{F} \left(\frac{\partial E_W}{\partial x}\right)_{max}. \tag{12.4}$$

In einem idealen, d. h. störungsfreien, Einkristall wäre $E_W$ konstant, so daß ein äußerst kleines Magnetfeld zur Ummagnetisierung ausreichen würde. Endliche $H_C$-Werte deuten demnach auf Störungen im Kristallgitter hin. Solche Störungen können inhomogene Spannungen, nichtferromagnetische Einschlüsse und die mit beiden gekoppelten inhomogenen (inneren) Streufelder sein. Hierauf basierende Modelle zur Berechnung der Koerzitivfeldstärke wurden von Kondorski, Kersten und Néel in den dreißiger und vierziger Jahren entwickelt und später von zahlreichen Autoren ergänzt und verbessert.

## *12.3. Weichmagnetische Werkstoffe*

Mengen- und wertmäßig erfolgt der größte Einsatz magnetischer Werkstoffe in Kernen von Generatoren, Transformatoren und Motoren. Da in diesen Anlagen bzw. Geräten mit möglichst geringen Feldänderungen möglichst große Induktionsänderungen bei geringer Wärmeentwicklung erzeugt werden sollen, fordert man von den Kernmaterialien hohe Permeabilität, geringe magnetische Verluste, kleine Koerzitivfeldstärke und hohe Induktion. Niedrige Herstellungskosten, vor allem für Großanlagen, kommen noch hinzu. Unlegiertes Eisen, sowie Eisen-Silizium- und Eisen-Aluminium-Legierungen werden gegenwärtig für Maschinen mit großen Leistungen verwendet. Daneben sind für Sonderzwecke auch teurere Materialien, wie Permalloy, Supermalloy, mit z. T. wesentlich besseren Eigenschaften, in Gebrauch.

Für Anwendungen bei Frequenzen wesentlich über 50 Hz, wie z. B. für Rundfunk, Fernsehen, Radar, spielt die Senkung von Verlusten, die mit den hochfrequenten Magnetisierungsvorgängen zusammenhängen, eine große Rolle. Da Wirbelströme hieran den größten Anteil haben, ist bei Metallen und Legierungen der Übergang zu dünnen Bändern oder kleinen Teilchen erforderlich. Weitaus günstiger sind Ferrite und Granate, die wegen ihres hohen elektrischen Widerstandes bis zu den höchsten Frequenzen eingesetzt werden können.

Seit einigen Jahren befassen sich zahlreiche Wissenschaftler und

Tabelle 12.1
Auswahl bekannter weichmagnetischer Werkstoffe

| Bezeichnung | Zusammensetzung Gew.-% | $\mu_A$ | $\mu_{max}$ | $H_C$ A/m | $M_S$ Vs/m² | $T_C$ °C | $\varrho$ $10^{-8}$ Ωm | Anwendungsbeispiele |
|---|---|---|---|---|---|---|---|---|
| Reinsteisen | 99,95 Fe | 10000 | 200000 | 4 | 2,15 | 770 | 10 | Gleichstrommagnete, Relaisteile |
| Siliziumeisen | 4 Si, 96 Fe | 500 | 7000 | 40 | 1,97 | 690 | 60 | Dynamo- und Transformatorenbleche |
| Siliziumeisen (orientiert) | 3 Si, 97 Fe | 1500 | 40000 | 8 | 2,00 | 740 | 47 | Dynamo- und Transformatorenbleche höherer Qualität |
| Siliziumeisen (kubisch) | 3 Si, 97 Fe | — | 116000 | 5,6 | 2,00 | 740 | 47 | hochwertige Wandler, Übertrager, Magnetverstärker |
| 16 Alfenol | 16 Al, 84 Fe | 600 bis 4100 | 4000 bis 90000 | — | 0,80 | 720 | 153 | Dynamo- und Transformatorenbleche |

| | | | | | | | | |
|---|---|---|---|---|---|---|---|---|
| 78 Permalloy | 78,5 Ni, 21,5 Fe | 8000 | 100000 | 4 | 1,08 | 600 | 16 | Spulen und Übertrager im NF-Gebiet (Bandkerne), Magnetköpfe, Meßinstrumentsysteme und zahlreiche Spezialzwecke |
| Supermalloy | 5 Mo, 79 Ni, 16 Fe | 100000 | 1000000 | 0,16 | 0,79 | 400 | 60 | |
| Mumetall | 5 Cu, 2Cr, 77, Ni, 16 Fe | 20000 | 100000 | 4 | 0,65 | — | 62 | |
| Carbonyleisenpulver | 100 Fe | 20 | — | 1200 | 1,56 | 770 | $10^7$ | HF-Spulenkerne |
| Mangan-Zink-Ferrit | 50 Mn-F., 50 Zn-F. | 2000 | — | 8 | 0,25 | 110 | $10^8$ | Spulen und Übertrager bis einige MHz |
| Nickel-Zink-Ferrit | 30 Ni-F., 70 Zn-F. | 80 | — | — | 0,40 | 130 | $10^{15}$ | Spulen und Übertrager bis einige 100 MHz |
| Yttrium-Eisen-Granat | $Y_3Fe_5O_{12}$ | — | — | — | 0,17 | 280 | $10^{16}$ | Mikrowellenbauelemente |
| „Metallglas“ | 40 Fe, 40 Ni, 14P, 6B | 12000 | — | 1,6 | 0,86 | 230 | 160 | in Entwicklung befindliche Werkstoffart |

Techniker mit amorphen magnetischen Materialien. Diese amorphen Magnetika weisen gegenüber den kristallinen zwei wichtige Besonderheiten auf: 1. Der spezifische elektrische Widerstand ist im amorphen Zustand höher als im kristallinen Zustand, und 2. lassen sich im amorphen Zustand Zusammensetzungen herstellen, die im kristallinen Zustand nicht stabil sind und daher in mehrere Phasen zerfallen. Allerdings ist der amorphe Zustand thermodynamisch nicht stabil, so daß er oberhalb einer kritischen Temperatur in den kristallinen Zustand übergeht. Diese kritische Temperatur variiert sehr stark; es gibt Zusammensetzungen, die bis etwa 500 °C als amorphe Phase stabil sind. Da sich dieses Gebiet noch stark in der Entwicklung befindet, ist das Angebot an amorphen magnetischen Werkstoffen noch bescheiden.

Einige Beispiele bekannter weichmagnetischer Werkstoffe zusammen mit den wichtigsten Daten sind in Tab. 12.1 aufgeführt. Gemeinsam ist allen diesen Materialien, daß alles, was nach 12.2. zu hohen Koerzitivfeldstärken führt, vermieden wird, also alle Anisotropien und die Magnetostriktion möglichst klein sind, das Material einphasig und möglichst störungsfrei ist.

## *12.4. Hartmagnetische Werkstoffe*

Ein weiteres wichtiges Anwendungsgebiet magnetischer Materialien ist das der Permanentmagnete. Beim idealen Permanentmagneten sollte die Magnetisierung auch konstant bleiben, wenn er inneren oder äußeren Streufeldern oder Temperaturänderungen ausgesetzt wird. Ein Dauermagnetkreis besteht im allgemeinen neben dem Permanentmagneten noch aus einem weichmagnetischen Joch und dem Luftspalt mit dem nutzbaren Magnetfeld. Die magnetostatische Energie $U$, die in diesem System enthalten ist und ein Maß für das im Luftspalt erreichbare Magnetfeld darstellt, lautet

$$U = -\frac{1}{2} \int (\boldsymbol{BH}) \, \mathrm{d}V , \qquad (12.5)$$

wobei über das Volumen des Permanentmagneten zu integrieren ist. Die Qualität eines Permanentmagneten kann also über das Produkt $-(\boldsymbol{BH})$ experimentell bestimmt werden. Es hängt allerdings nicht nur von den Materialwerten, sondern auch vom Arbeitsprodukt auf der Magnetisierungskurve ab. Abb. 12.5 zeigt im linken Teil den entmagnetisierenden Ast der Hystereseschleife eines Permanentmagneten und im rechten Teil die dazugehörigen

Tabelle 12.2
Auswahl bekannter hartmagnetischer Werkstoffe

| Bezeichnung | Zusammensetzung Gew.-% | $B_R$ Vs/m² | $H_C$ $10^3$ A/m | $(BH)_{max}$ $10^3$ J/m³ | Anwendungsbeispiele |
|---|---|---|---|---|---|
| Werkzeugstahl | 1,1 C; 0,1 V; 98,8 Fe | 1,03 | 1,8 | 0,9 | klassische Dauermagnete (vor 1930); heute nur noch in geringem Maße für einfache und billige Zähler und Drehspulmeßwerke |
| Cr-Stahl | 1 C; 3,3 Cr; 95,7 Fe | 0,95 | 4,5 | 2,1 | |
| Co-Stahl | 1 C; 9 Cr; 16 Co; 74 Fe | 0,84 | 14,3 | 5,2 | |
| AlNi | 12 Al; 22 Ni; 66 Fe | 0,74 | 20,7 | 7,2 | Meßgeräte, Relais, Motoren und Generatoren |
| AlNiCo | 7 Al; 34 Co; 4 Cu, 15 Ni, 5 Ti; 35 Fe | 1,19 | 104 | 87,5 | wie AlNi, jedoch für höhere Ansprüche |
| Vicalloy | 52 Co; 13 V; 35 Fe | 1,0 | 40 | 27,7 | Kompaßnadeln, Meßgeräte, Hysteresemotoren |
| Platin-Cobalt | 76,7 Pt; 23,3 Co | 0,453 | 216 | 37 | hochwertige Kompaßnadeln, Uhrenindustrie, Kleinstmotoren höchster Leistung |
| Samarium-Cobalt | 33 Sm; 67 Co | 0,87 | 680 | 144 | |
| Reinsteisenpulver | 100 Fe | 0,57 | 61 | 28 | geringer Einsatz, z. B. Zählermagnete |
| MnBi | 20 Mn; 80 Bi | 0,42 | 260 | 13 | |
| Bariumferrit | $BaO \cdot 6\,Fe_2O_3$ | 0,20 | 120 | 8 | Lautsprechermagnete, magnetische Kupplungen, Haftmagnete, Kleinmotoren und -generatoren |

$(BH)$-Werte. Man sieht, daß am günstigsten ist, den Arbeitspunkt $A$ zu wählen, bei dem $(BH)$ den Maximalwert $(BH)_{max}$ annimmt.

Um große $(BH)_{max}$-Werte zu erhalten, sind drei Forderungen zu erfüllen; 1. großes $B_R(= M_R)$, 2. großes $H_C$ und 3. rechteckige Hystereseschleife. Die erste Forderung wird durch Materialien mit

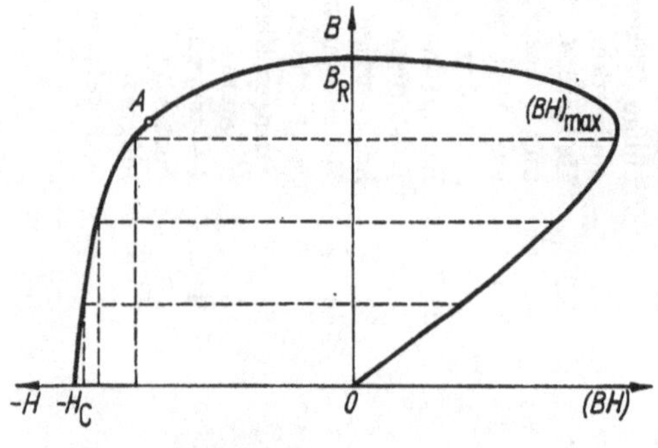


**Abb. 12.5.** Entmagnetisierender Teil der Hystereseschleife (linke Kurve) und dazugehöriges Energieprodukt $(BH)$ eines Permanentmagneten

großem $M_S$ und $M_R/M_S \approx 1$ (Forderung 3) erfüllt. Eine rechteckige Hystereseschleife läßt sich durch Magnetfeldtemperung, Orientierung von Kristalliten mittels Magnetfeldpressen oder spezielle Gießverfahren erreichen. Als Maßnahmen zur Erhöhung von $H_C$ folgen aus 12.2. die Erzeugung großer innerer Spannungen infolge Gitterumwandlung, Überstrukturbildung oder Bildung von Ausscheidungen (gleichzeitige Bildung von Einschlüssen) oder der Übergang zu Einbereichsteilchen. Einige Beispiele bekannter hartmagnetischer Materialien enthält Tab. 12.2, wobei aber betont werden muß, daß für die überwiegende Zahl aller Anwendungen AlNi bzw. AlNiCo und Bariumferrit eingesetzt werden.

## *12.5. Magnetische Speicherwerkstoffe*

Die elektronische Datenverarbeitung wie auch die Unterhaltungselektronik benötigen Speicher, um Daten oder Musik und Sprache z. T. über mehrere Jahre hinweg zu erhalten. Ferro- und ferrimagnetische Stoffe bieten hierfür den Vorteil, daß der remanente Zustand ja ohne Zufuhr von Energie erhalten bleibt und bei geeigneter Wahl der Hystereseschleife auch unempfindlich gegenüber

Störfeldern gemacht werden kann. Von den zahlreichen möglichen Varianten magnetischer Speicher sollen hier drei kurz beschrieben werden: der Ferritkernspeicher, der Bandspeicher und der Magnetblasenspeicher (bubble memory).

Der Ferritkernspeicher nutzt die rechteckige Hystereseschleife von Mangan-Magnesium-Ferriten aus. Die beiden Remanenzzustände $+M_R$ und $-M_R$ entsprechen den Ziffern 0 und 1 des binären Zahlensystems. Aufbau und Wirkungsweise eines solchen Speichers zeigt Abb. 12.6. Er besteht aus Ferritringkernen in

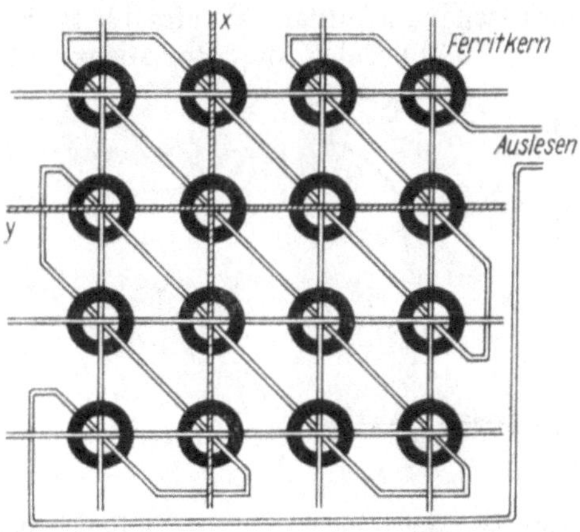


Abb. 12.6. Magnetische Speichermatrix mit Ferritringkernen

einer regulären Anordnung, „Schreibdrähten" parallel zur $x$- und $y$-Achse und einem „Lesedraht". Befinden sich am Anfang alle Kerne im Zustand 0 und wird ein Stromimpuls, der ein Magnetfeld von $H_C/2$ erzeugt, gleichzeitig durch einen der $x$-Drähte und einen der $y$-Drähte geschickt, so wird der Ferritkern am Schnittpunkt der beiden Drähte „umgeschaltet", während der magnetische Zustand der anderen Kerne erhalten bleibt. Auf diese Weise kann man die 1 in jeden gewünschten Kern „einschreiben". Zum „Auslesen" schickt man einen Stromimpuls mit entgegengesetztem Vorzeichen nacheinander durch jeden Kern und beobachtet, ob ein Signal im Lesedraht, der durch alle Kerne geht, erzeugt wird. Ein Signal kann nur hervorgerufen werden, wenn der Zustand 1 in den Zustand 0 zurückgeschaltet wird. Diese Leseart ist leider zerstörend; jedoch sind Techniken entwickelt worden, um diesen Nachteil zu vermeiden. Die Außendurchmesser solcher Ringkerne gehen herab bis unter 0,5 mm, so daß sich Speicher mit Kapazitäten über $10^6$ Bit (Bit = binary digit; digitale Einheit) mit vertretbarem Raumbedarf bauen lassen.

In Magnetbändern für Tonband- und Kassettengeräte nutzt man die Nichtlinearität der Magnetisierungskurve aus. Das magnetische Material muß eine Restmagnetisierung behalten, die dem angelegten Signalfeld proportional ist. Wenn durch den Aufnahmekopf auf das magnetische Material ein Magnetfeld $0B$ wirkt (s. Abb. 12.7a)), wird das Band bis zum Punkt $A$ auf seiner Magnetisierungskurve aufmagnetisiert. Nach Verlassen des Aufnahmekopfes bleibt die Remanenz $A'$ zurück. Abb. 12.7b) zeigt die Remanenz $0A'$

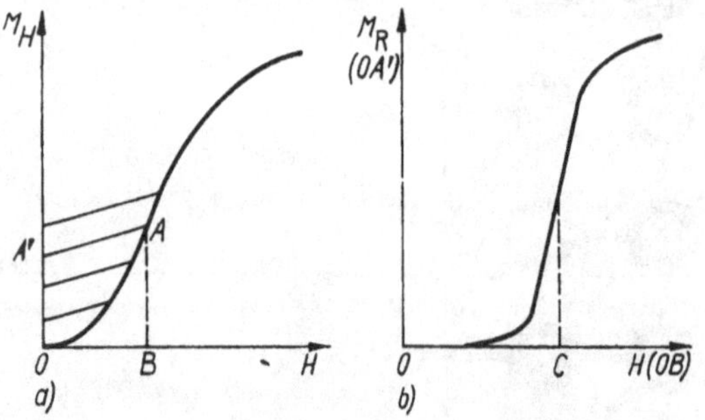


Abb. 12.7. a) Magnetisierungskurve eines Magnetbandes, b) Remanenz des Bandes als Funktion des vom Aufnahmekopf herrührenden Magnetfeldes

als Funktion des Feldes $0B$. Bis zu einem Schwellwert des Magnetfeldes muß die Remanenz sehr klein sein, damit Störfelder von außen oder der Nachbarlage des aufgespulten Bandes noch keine Aufmagnetisierung bewirken. Beim Aufnahmeprozeß wird das Band bis zum Punkt $C$ vormagnetisiert (Abb. 12.7b)) und dort das Hochfrequenzfeld überlagert, so daß eine Proportionalität zwischen den aufzuzeichnenden Signalen und der Remanenz des Bandes gewährleistet ist. Dazu muß das auf der Unterlage aufgebrachte Material eine rechteckige Hystereseschleife und eine ziemlich hohe Koerzitivfeldstärke besitzen. Am gebräuchlichsten sind $\gamma$-$Fe_2O_3$, $\gamma$-$Fe_{2-x} \cdot Co_xO_3$ und $CrO_2$, alle in Form länglicher Teilchen (Länge einige Zehntel µm, Längen-Dicken-Verhältnis bis 10:1), die orientiert auf die Unterlage aufgebracht werden. Diese Speicher dienen nicht nur als Phono- und Videokonserven, sie finden auch als (digitale)

Massenspeicher in der Datenverarbeitung in großem Maße Verwendung.

Beim Magnetblasenspeicher bedient man sich der in 10.4. beschriebenen Zylinderbereiche, die in „Schleifen" umlaufen. Zur Fortbewegung der Bereiche bringt man auf die Schicht, in der sich die Zylinderbereiche befinden, besondere Permalloystrukturen, die in einem rotierenden Magnetfeld kontinuierlich ummagneti-

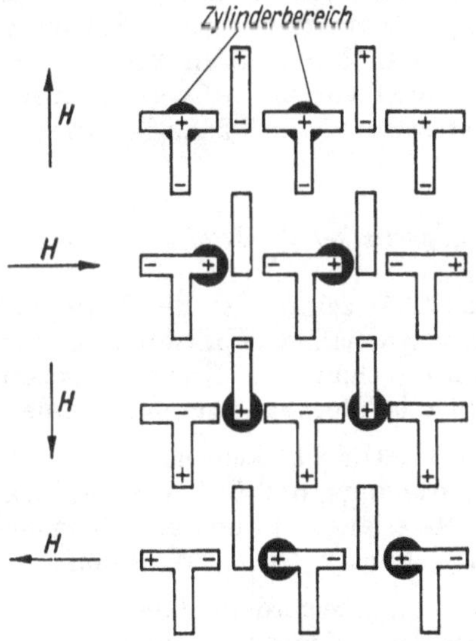


Abb. 12.8. Ablauf der Bewegung von Zylinderdomänen mit T-I-Permalloymuster und rotierendem Magnetfeld

siert werden. Abb. 12.8 zeigt den Bewegungsablauf in den verschiedenen Phasen des Drehfeldes für die sogenannte T-I-Struktur. Er ist leicht verständlich, wenn man davon ausgeht, daß der Zylinderbereich an seiner Oberseite Minuspole besitzt. Der Einschreibprozeß geht so vonstatten, daß in vorgegebenen Zeitabständen entweder ein oder kein Zylinderbereich erzeugt wird (Zustand 0 oder 1). Die dafür notwendigen Generatoren arbeiten so, daß ein vorhandener Zylinderbereich mit Hilfe von Magnetfeldern auseinandergezogen und dann geteilt wird. Für den Leseprozeß laufen die Bereiche an einem Detektor vorbei, der im gleichen Zeitrhythmus wie bei der Erzeugung feststellt, ob ein oder kein Bereich vorbeiläuft. Die Detektoren beruhen entweder auf dem Induktions-, dem HALL-Effekt- oder dem Magnetowiderstandsprinzip. Zum Löschen der Informationen braucht man die Zylinderbereiche nur in ein Gebiet zu leiten, in dem ein Magnetfeld herrscht, das größer als das Kollapsfeld ist. Wichtigste Stoffklasse für Magnetblasenspeicher sind die Granate. Mit Y—Sm—Fe—Ga-Granaten lassen sich Zylinderbereiche von $\approx 5\ \mu m$ Durchmesser herstellen, die zu einer Speicherdichte von $\approx 10^5$ bit $cm^{-2}$ führen. Durch Senkung des Ga-Gehaltes und Ersatz des Y durch Tm oder Lu kann der Bereichsdurchmesser bis auf 0,4···0,5 μm verringert werden. Submikrometer-Zylinderbereiche sind auch in hexagonalen Ferriten und amorphen Gd-Co-Schichten möglich. Technisch realisiert sind inzwischen Speicher von etwa 1 Mbit Kapazität mit 2 μm-Bereichen in Granatschichten.

## 12.6. Entwicklungsrichtungen magnetischer Werkstoffe

Wie die Abschnitte 12.3. bis 12.5. zeigen, ist die Forderung nach verbesserten bzw. neuen magnetischen Werkstoffen eng an die Weiterentwicklung der Elektrotechnik und Elektronik gekoppelt. Folgenden Tendenzen muß dabei Rechnung getragen werden:

a) Der immer größer werdende Bedarf an Elektroenergie verlangt eine verlustärmere Erzeugung, Wandlung und Nutzung von Elektroenergie, einen sparsameren Materialeinsatz und eine ökonomischere Herstellung der verwendeten magnetischen Werkstoffe.

b) die fortschreitende Miniaturisierung erfordert Materialien mit extrem guten Materialwerten, um mit kleinsten Volumina auszukommen.

c) Das Vordringen der Elektronik in alle möglichen Bereiche des militärischen, wirtschaftlichen und privaten Sektors hat zur Folge, daß auch eine große Anzahl magnetischer Materialien mit ganz speziellen Eigenschaften oder Eigenschaftskombinationen benötigt werden.

Zu a)

Wenn man bedenkt, daß z. B. in der DDR größenordnungsmäßig $10^{11}$ kWh pro Jahr Elektroenergie verbraucht werden und die durch die eingesetzten magnetischen Materialien bedingte Verlustleistung dabei mehr als $10^9$ kWh pro Jahr beträgt, so ist ersichtlich, welchen hohen volkswirtschaftlichen Nutzen jede Verbesserung der eingesetzten magnetischen Werkstoffe bringt. Deshalb werden in Forschungs- und Entwicklungslaboratorien aller

Industriestaaten bedeutende Kapazitäten zur Weiterentwicklung der Dynamo- und Transformatorenbleche eingesetzt. Vorwiegend befaßt man sich mit den schon in Tab. 12.1 genannten Fe-Si-Legierungen; aber auch unlegiertes Eisen, Fe-Al-Legierungen und die in Abschn. 12.3. genannten amorphen Magnetika sind Untersuchungsgegenstände dieser Laboratorien.

Zu b)

Der stärkste Einfluß der Miniaturisierung ist beim Einsatz hartmagnetischer Werkstoffe zu erkennen. Die mit den unterschiedlichsten Materialien erreichten $(BH)_{max}$-Werte sind, wie Tab. 12.2 zeigt, beträchtlich. Allerdings haben nicht alle möglichen Permanentmagnete ihr Einsatzgebiet gefunden. Materialien wie Fe—Co und Pt—Co, MnBi und Pulvermagnete aus Fe-Einbereichsteilchen (sog. NÉEL-Magnete) sind ihren Konkurrenten, den verschiedenen AlNiCo-Sorten und den Bariumferriten, nicht gewachsen. Die größten Entwicklungsaussichten räumt man den Seltenerd-Cobalt-Magneten ein, mit denen man $(BH)_{max}$-Werte bis zu $4 \cdot 10^5$ J/m³ zu erreichen hofft.

Ein Zukunftsprojekt, bei dem Permanentmagnete in großen Mengen zum Einsatz kommen können, ist die Magnet-Schwebebahn. Ihre Realisierung ist ein Problem der Kosten, auch der Herstellungskosten der Permanentmagnete.

Zu c)

Eines der Hauptanwendungsgebiete magnetischer Sonderwerkstoffe ist das der magnetischen Speicher. Die bedeutendsten Arten mit den meist eingesetzten Werkstoffen sind in Abschn. 12.5. behandelt. Für Sonderzwecke werden aber auch andere Werkstoffe verwendet; so können anstelle der Ferritringkerne auch Bandringkerne, anstelle der Eisenoxid- oder Chromdioxidbänder auch Metallschichtbänder oder sogar Metalldrähte aus Eisen-Nickel-Legierungen Verwendung finden.

Darüber hinaus gibt es heute schon oder in der Zukunft Anwendungsgebiete, die eine Kombination bestimmter magnetischer Eigenschaften mit vorgegebenenen anderen — mechanischen, thermischen, elektrischen, optischen — Eigenschaften erfordern. Beispiele hierfür sind die Nutzungsmöglichkeiten besonderer magnetomechanischer Eigenschaften der Uhrenindustrie (Elinvar) oder für magnetostriktive Schwinger, durchsichtige Ferro- oder Ferrimagnetika mit großem magnetooptischen Effekt für magnetooptische Speicher oder magnetooptische Modulatoren oder von Stoffen mit großem HALL-Effekt für HALL-Sonden.

## 13. Literaturverzeichnis

### I. Standardwerke und Lehrbücher


BATES, L. F.: Modern Magnetism (3. Aufl.). Cambridge University Press 1951.

BECKER, R., und W. DÖRING: Ferromagnetismus. Springer-Verlag, Berlin 1939.

BOZORTH, R. M.: Ferromagnetism. D. von Nostrand Company, Toronto–New York–London 1951.

CHIKAZUMI, S.: Physics of Magnetism. John Wiley and Sons, New York–London–Sidney 1964.

KITTEL, CH.: Einführung in die Festkörperphysik, Akademische Verlagsgesellschaft Geest und Portig K.-G., Leipzig 1973, S. 581–706.

KNELLER, E.: Ferromagnetismus. Springer-Verlag, Berlin–Göttingen–Heidelberg 1962.

KUBO, R., and T. NAGAMIYA: Solid State Physics. McGraw-Hill Book Co., New York 1969, S. 417–630.

LANDOLT-BÖRNSTEIN: Zahlenwerte und Funktionen. 6. Aufl. Springer-Verlag, Berlin–Heidelberg–New York, Bd. II, Teil 9 und 10; Neue Serie II 1, 2, 8, 9, 10, 11, III 4a und b und 12a–c.

MORRISH, A. H.: The Physical Principles of Magnetism. John Wiley and Sons, New York–London–Sidney 1965.

RADO, G. T., and H. SUHL: Magnetism. Academic Press, New York and London 1963, 5 Bände.

WOHLFARTH, E. P.: Ferromagnetic Materials. North-Holland Publ. Comp., Amsterdam–New York 1980–1982, 3 Bände.

WONSOWSKI, S. W. (Вонсовский, С. В.): Магнетизм. Наука, Москва 1971.

Autorenkollektiv: Magnetismus. VEB Deutscher Verlag für Grundstoffindustrie, Leipzig 1967.


### II. Literatur zu speziellen Gebieten


ABRAGAM, A., B. BLEANEY: Electroparamagnetic Resonance of Transition Ions. Clarendon Press, Oxford 1970.

ACHIESER, A. I., W. G. BARJACHTAR und S. W. PELETMINSKI (Ахиезер, А. И., В. Г. Барьяхтар и С. В. Пелетминский): Спиновые волны. Наука, Москва 1967.

BARKHAUSEN, H.: Phys. Z. **20** (1919) 401.

BELOW, K. P., M. A. BELJANTSCHIKOWA, R. S. LEWITIN und S. A. NIKITIN (Белов, К. П., М. А. Белянчикова, Р. З. Левитин, С. А. Никитин): Редкоземельные ферро- и антиферромагнетики. Наука, Москва 1965.

BOBECK, A. H., and E. DELLA TORRE: Magnetic Bubbles. North-Holland Publishing Company, Amsterdam 1975.

CRAIK, D. J., and R. S. TEBBLE: Ferromagnetism and Ferromagnetic Domains. North-Holland Publ. Comp., Amsterdam 1965.

DORFMAN, Ju. G. (Дорфман, Я. Г.): Диамагнетизм и химическая связь. Росиздат физич.-мат. лит., Москва 1961.

ELK, K., und W. GASSER: Die Methode der Greenschen Funktionen in der Festkörperphysik. Akademie-Verlag, Berlin 1979.

ELSCHNER, B., und W. ANDRÄ: Magnetische Elementarbezirke. Fortschritte der Physik **3** (1955) 163–217.

FELDTKELLER, E.: Dielektrische und magnetische Materialeigenschaften. Bibliographisches Institut, Mannheim—Wien—Zürich 1973/74, 2 Bde.

GOODENOUGH, J. B.: Magnetism and the Chemical Bond. John Wiley and Sons, New York—London 1963.

GUREWITSCH, A. G. (Гуревич, А. Г.): Магнитный резонанс в ферритах и антиферромагнетиках. Наука, Москва 1973.

HABERDITZL, W.: Magnetochemie. Akademie-Verlag, Berlin 1968, WTB Nr. 50.

HANDRICH, K., und S. KOBE: Amorphe Ferro-und Ferrimagnetika. Akademie-Verlag, Berlin 1980.

HECK, C.: Magnetische Werkstoffe und ihre technischen Anwendungen. Hüthig, Heidelberg 1967.

HERRING, C.: Volume IV von „Magnetism" (G. T. RADO, H. SUHL). Academic Press, New York 1966).

HUBBARD, J.: Proc. Roy. Soc. **A 276** (1963) 238, **A277** (1964) 237, **A281** (1964) 401, **A285** (1964) 542.

HUBBARD, J.: Phys. Rev. **B19** (1979) 2626, **B20** (1979) 4584. J. Appl. Phys. **52** (1981) 1654.

ISJUMOW, Ju. A., und R. P. OSEROW (Изюмов, Ю. А. и Р. П. Озеров): Магнитная нейтронография. Наука, Москва 1966.

JEREMENKO, W. W. (Еременко, В. В.): Введение в оптическую спектроскопию магнетиков. Наукова думка, Киев 1975.

KERSTEN, M.: Grundlagen einer Theorie der ferromagnetischen Hysterese und der Koerzitivkraft. S. Hirzel, Stuttgart 1943.

KITTEL, CH.: Physical Theory of Ferromagnetic Domains. Rev. Mod. Phys. **21** (1949) 541–83.

KONDORSKI, Je. I. (Кондорский, Е. И.): Зонная теория магнетизма I + II. Изд.МГУ, Москва 1976, 1977.

KREHER, K.: Festkörperphysik. Akademie-Verlag, Berlin 1973.

KRINTSCHIK, G. S. (Кринчик, Г. С.): Физика магнитных явлений. Изд. МГУ, Москва 1976.

KRUPIČKA, S.: Physik der Ferrite. Academia, Praha 1973.
KRUPIČKA, S., und J. ŠTERNBERK (ed.): Elements of Theoretical Magnetism. Academia, Praha 1968.
LANDAU, L. D., und E. M. LIFSCHITZ: Lehrbuch der theoretischen Physik Band IX (Statistische Physik, Teil 2), Akademie-Verlag, Berlin 1980.
MATTIS, D. C.: The Theory of Magnetism. Harper and Row, New York 1965.
MORIYA, T.: J. Magnetism & Magn. Mat. **14** (1979) 1—46.
NÉEL, L.: Proprietés Magnétiques des Ferrites; Ferrimagnétisme et Antiferromagnétisme. Ann. de Phys. [12] **3** (1948) 137—198.
REINBOTH, H.: Technologie und Anwendung magnetischer Werkstoffe. Verlag Technik, Berlin 1970.
SCHIEBER, M. M.: Experimental Magnetochemistry (Nonmetallic Magnetic Materials). North-Holland Publishing Company, Amsterdam 1967.
SMART, J. S.: Effective Field Theories of Magnetism. W. B. Saunders Company, Philadelphia and London 1966.
SMIT, J., and H. P. J. WIJN: Ferrites. Philips Technical Library, Eindhoven 1959.
SMOLENSKI, G. A., und W. W. LEMANOW (Смоленский, Г. А., В. В. Леманов): ферриты и их техническое примененине. Наука, Ленинград 1975.
SNOEK, J. L.: New Developments in Ferromagnetic Materials. Elsevier, Amsterdam 1949.
SOOHOO, R. F.: Magnetic Thin Films. Harper and Row, New York—Evanston—London 1965.
STONER, E. C.: Proc. Roy. Soc. **A165** (1938) 372; **A169** (1939) 339.
TJABLIKOW, S. W.: Quantentheoretische Methoden des Magnetismus. B. G. Teubner, Leipzig 1968.
WAGNER, I.: Einführung in die Theorie des Magnetismus. Vieweg, Braunschweig 1966.
WHITE, R. M.: Quantum Theory of Magnetism. McGraw-Hill, New York 1970.
WICH, H.: Festkörperphysik (Kristallstruktur, Elektronenzustände, Wechselwirkungen). Geest & Portig, Leipzig 1979, Kap. 22.
WOHLFARTH, E. P.: Phil. Mag. **42** (1951) 374.
Autorenkollektiv: Magnetische iEigenschaften von Festkörpern. VEB Deutscher Verlag für Grundstoffindustrie, Leipzig 1975.

## Sachverzeichnis

ISSN 0084-098X

*Die Autoren*

- behandeln zunächst im Anschluß an eine Einführung der wichtigsten magnetischen Grundgrößen (im SI-System) die dia- und paramagnetischen Eigenschaften von Festkörpern anhand einfacher Modelle

- bringen die Betrachtung des Ferro-, Antiferro- und Ferrimagnetismus im Rahmen der Molekularfeldtheorie, erklären die mikroskopischen Ursachen der Molekularfeldtheorie mit Hilfe der Austauschwechselwirkung

- gehen ein auf die Spinwellen, auf die Bändertheorie des Magnetismus, auf magnetische Anisotropien, Magnetostriktion, die magnetischen Bereiche, das dynamische Verhalten und auf magnetische Werkstoffe

- wenden sich sowohl an Physiker, an physikalisch interessierte Ingenieure als auch an Studenten der Physik, die sich einen Überblick über die magnetischen Anwendungen verschaffen wollen

WISSENSCHAFTLICHE TASCHENBÜCHER

FSC
www.fsc.org
MIX
Papier | Fördert gute Waldnutzung
FSC® C083411

Zeitfracht Medien GmbH
Ferdinand-Jühlke-Straße 7
99095 Erfurt, Deutschland
produktsicherheit@kolibri360.de